南スーダン、南シナ海、北朝鮮

新安保法制発動の焦点

自衛隊を活かす会 編著
（自衛隊を活かす：21世紀の憲法と防衛を考える会）

かもがわ出版

まえがき

現在、二〇一五年九月に国会で成立した新安保法制にもとづき、南スーダンPKOに派遣されている自衛隊に「駆けつけ警護」の任務が付与されることが話題になっています。新安保法制が果たして日本と世界の平和に寄与するのか、それとも逆行するものになるのかが、現実の事態の進展によって明らかにされようとしているのです。

本書は、その南スーダンをはじめ、自衛隊による警戒監視が想定されている南シナ海、核・ミサイル開発が進む北朝鮮という、新安保法制が発動される焦点となる事例を取り上げています。陸将や海将を経験した元自衛官、安全保障に携わってきた防衛省幹部や研究者、世界の各地で紛争処理を手がけてきた実務家、ジャーナリストや国際ボランティアなど、多方面の専門家がそれぞれの立場から論じたものです。

自衛隊を活かす会（代表＝柳澤協二、正式名称は「自衛隊を活かす：21世紀の憲法と防衛を考える会」）は、二〇一四年六月に発足しました。その基本的な目的は、自衛隊を否定するのではなく、かといって国防軍や集団的自衛権に走るのでもなく、現行憲法のもとで生まれた自衛隊の可能性を探り、活かしていくことにあります。その目的を達成するため、一四年から一五年春にかけて五回のシンポジウムを開催し、一五年五月、「変貌する安全保障環境における『専守防衛』と自衛隊の役割」と題する「提言」を発表しました（講談社新書『新・自衛隊論』所収、ホームページ〈http://kenpou-jieitai.jp/index.html〉でも閲覧可）。

「提言」は、二一世紀の世界における日本のあり方を論じたうえで、日本の防衛の基本的な考え方、国際秩序構築のため自衛隊が果たすべき役割を示しています。そして、「このようなあり方は、現行憲法のもとで可能だというだけでなく、憲法前文と九条の平和主義の立場に立ってこそ」実現することを明確にしています。多くの方に読んでいただき、議論を巻き起こしたいと考えます。

自衛隊を活かす会は、このような活動と並行し、新安保法制の成立直後から今年（二〇一六年）まで、その発動の焦点となる問題をテーマにして、何回かのシンポジウムを開催してきました。会としては「提言」で示した立場を堅持しつつ、立場の異なる方々もお招きし、ご意見を伺い、議論してきました。本書は、そこに参加された方の報告をもとにして、その後の事態の進展などもふまえ、加筆・整理していただいた論考を収録したものです。

新安保法制をめぐっては、国会のなかでも国民のなかでも、かつてない議論が巻き起こり、市民運動と政治のあり方を変えるような局面も生まれました。この新安保法制の評価は、これまでは法律の条文をめぐって議論されてきましたが、今後はまさに法律が実施される現実をめぐる議論に移行していきます。

本書の執筆者は、いずれもその分野の専門家であるというだけでなく、実際に政治や防衛などの現場で実務に携わった方々であって、本書も現実に立脚した考え方を読者に提供するものになっていると自負します。多くの方に手にとっていただき、この議論を有益なものにする議論に加わってほしいと考えます。

二〇一六年一一月一日　自衛隊を活かす会事務局長　松竹伸幸

南スーダン、南シナ海、北朝鮮——新安保法制発動の焦点●もくじ

Ⅰ
総論

南スーダンに派遣されている自衛官

新安保法制で別次元に進む自衛隊の海外派兵

柳澤協二（元内閣官房副長官補）

二〇一五年九月に成立した新安保法制が、一六年三月に施行されました。そして現在、南スーダンPKOに派遣されている自衛隊に駆けつけ警護の任務を付与するっことが議論され、さらに南シナ海の事態を想定した米艦防護の訓練も開始されると言われています。

●「湾岸のトラウマ」を契機にして

冷戦の時代は、防衛庁の私の上司や先輩、各自衛隊の高級幹部の方々も、本音を言えば、戦争があるとは誰も思っていない時代でした。でも、仮想敵とされたソ連が隣にいるため、いろいろな構えをしないといけないということで、自衛隊が存在することに意味があった時代だったのです。

新安保法制にもとづく自衛隊の海外派遣は、そういう時代を体験した者からすると、想像もつかない事態だと言えます。なぜそんなことになってきたのか、そこにどんな問題があるのかを、ここでは論じたいと思います。

冷戦が終わり、イラクがクウェートを侵略し、国際社会は国連安保理決議をふまえて対応することになり、湾岸戦争が開始されました。米ソが対立していた時代と異なり、国際社会は結束して対応したわけです。

ところが、日本は何も出来なかった。一三〇億ドルという巨額のおカネ（その後の為替レートの変化で五億ドルを追加しているから一三五億ドル、二兆五〇〇〇億円ぐらいになります）を出すだけにとどまった。そして、これが何に使われたかと言えば、アメリカ軍の戦費だったわけです。しかし、これは国際社会が評価するものにならなかった。

そこで、湾岸戦争が終わって、機雷を除去するため、海上自衛隊の掃海艇を出すことになります。けれども、これも、戦争が終わったこともあって、あまり国際的な注目を浴びることはありませんでした。

これをきっかけに、日本政府のなかでは、いわゆる「湾岸のトラウマ」という一種のオブセッション（固定観念）が出来たわけです。やはり、人を出さなければダメなんだ、なんとかして自衛隊を海外に出さなければならないという固定観念が、私も含めて政府の政策決定者の中でだんだん固まってきたわけです。

その後に自衛隊の海外派遣が具体化されます。しかし、同じく自衛隊派遣と言っても、一色ではありません。二つの流れがあります。

●国連協力の流れと同盟協力の流れと

一つは国連協力の流れです。

一九九一年の湾岸戦争の後、一九九二年にはＰＫＯ法を作って、カンボジアＰＫＯに初めて自衛隊を出します。当時、ＰＫＯへの派遣は戦争への道という野党などの反対もありましたが、実際には戦争にはならずに自衛隊は無事に帰ってきました。不幸にして、警察官とボランティアの青年が亡くなりましたが、自衛隊は一発も撃っていない。カンボジアＰＫＯというのは、明石康国連事務総長特別代表が先頭になって、日本が主導したＰＫＯだったのです。その流れが一つです。

もう一つは同盟協力の流れです。

一九九三年に表面化した北朝鮮の核開発を契機にして、アメリカ軍が出てくるのに自衛隊が何もしなければ日米同盟は終わってしまうという危機感が生まれた。そういう同盟協力の文脈で自衛隊がどうするかが問われます。

それが一九九七年の日米ガイドラインとなり、それに基づく周辺事態法が一九九九年に制定されています。その流れの中で、９・11テロがあって、アメリカがアフガン戦争を始めると、とにかく自衛隊を使うことが第一という発想で固まっていたわけですから、インド洋に海上自衛隊の船を出して、給油活動をやることになりました。

当時、「アメリカの味方かテロの味方か立場をはっきりさせろ」という意味の言葉として、「ショー・ザ・フラッグ（Show the Flag）」という言葉が言われていました。そして、アメリカがイラク戦争を始めると、使われた言葉は「ブーツ・オン・ザ・グラウンド（Boots on the Ground ）」でした。要は、兵隊を同じ戦場に送って、同じ戦場で軍事リスクを共有する、そうしなければ本物の同盟国ではないという流れでした。その中で、特に同盟協力の方で具体化がいろいろ進んで、ついにイラクへの陸上自衛隊、航空自衛隊の派遣まで行ってしまったというのが私の実感です。

●憲法との整合性は限りなく現実に近い虚構

自衛隊の海外派遣は、当時から、憲法との関係では悩ましいところがありました。

ＰＫＯの場合は、ＰＫＯ五原則でクリアするという考え方でした。停戦合意が当事者間にあり、当該国の両方の当事者がＰＫＯを受け入れるという合意をしていて、そしてＰＫＯの活動が両者の間に隔たりなく中立の原則で行われていて、そのいずれかが崩れたら自衛隊は撤収して帰ってくるし、武器使用は身を守るための最低限にする。これが五原則ですが、それが守られるような事態は戦争ではないのだという前提で、日本のＰＫＯ法はできているわけです。

一方、対米協力の方のスキームはどうか。これはＰＫＯと違って、アメリカ軍は戦争をしているわけです。その後ろで自衛隊が後方支援、兵站活動をするわけです。そうすると、自衛隊がアメリカ軍と一緒に戦争するということになるわけで、それは憲法上まずいことになる。そうならないようにするために、自衛隊は非戦闘地域に派遣され、しかもそれ自体は武力の行使にはならない輸送とか、情報提供とかをやりますということで、「武力行使との一体化はしない」という概念をつくってきたわけです。それを担保するために、戦場から離れた非戦闘地域に活動を限定し、武器・弾薬を米軍に提供しないということまで法律で決めていました。

ところが現在、ＰＫＯのほうを見ると、南スーダンの場合、五原則が完全に崩れています。同盟協力のほうを見ると、新安保法制で、もう非戦闘地域という概念はやめてしまうことになりました。今現在そこが戦場でなければ、どこでも行けるようにした。弾薬は提供しないと言っていたのを、提供に、自衛隊が戦争をするということそのものなのです。

つまり、自衛隊が戦争することにならないよう、五原則を決め、非戦闘地域などの概念をつくったのに、それが新安保法制によって完全に崩されたのです。これは憲法上の問題でもありますし、同時

できるようにしたのです。

●ガラス細工だったが実際に自衛隊は一発も撃たなかった

もちろん、非戦闘地域とか武力行使とは一体化しないなどのこれまでの考え方も、ごまかし的なガラス細工のような理屈ではあったと思います。矛盾だらけだったのです。

しかし、私はそれに気づかずにずっと防衛官僚をやってきました。なぜ気づかなかったか。それは、自衛隊が一発も撃っていないから、気づく必要がなかったからなのです。

イラクで誰も亡くならなかったのには、非常にラッキーな面がありました。ロケット砲弾が飛んできたわけですが、たまたま人のいないコンテナに当たった。人が寝ているコンテナに当たっていたら、間違いなく何人か死んでしまったことでしょう。そういう状況だったのです。

それでも、一人も死なずに帰ってきたことを、私はとても良かったと思っています。私は官邸にいた時、陸上自衛隊のイラク派遣をずっと統括する立場にいました。なぜ、一人も死なずに済んだかということを、小泉総理に記者会見で言ってほしいと進言しました。どういうことかというと、一人の犠牲者も出なかったのはいいことですが、もっと大事なことは、それは一発も撃っていないことの結果だということなのです。

イラクに派遣された陸上自衛隊の相手は全部イラク人です。何万人もイラク人がいます。そこで一発撃ったなら、何発返ってくるのかということを考えないといけない。それを考えると、私はつくづく撃たないでくれて本当に良かったと思います。

けれども、今度の安保法制では、撃たなければいけない仕事が出てくるわけです。だから、現憲法との矛盾もはっきり出てくるし、現場の抱える矛盾もはっきり出てくるということです。

●警護の任務が相手を傷つけない程度でできるのか

しかも、憲法上、日本は海外で戦争していないことになっているので、PKOにおける自衛官の武器使用というのは、自衛官個人の権限で行うという法体系になっています。武器を使用しても、国家の意思ではやっていないことになっているのです。

ということは、そこで民間人を殺すと殺人罪となり、自衛官個人の刑事責任が問われるようになるかもしれないということなのです。そういう矛盾をそのままにして、自衛隊にミッションを与えようとしています。

今回、そのミッションのなかに「駆けつけ警護」などが加えられるわけですが、一方、過去の法体系を引きずっている部分もあります。たとえば、駆けつけ警護で武器を使用する際にも、正当防衛でないと相手を傷つけてはいけないということになりました。危害許容要件が正当防衛に限るということです。

これは国際常識と異なります。国際社会の常識では、戦争とは先に相手をやっつけることなのです。

けれども、日本の場合、正当防衛にあたる緊急性が何もなくて、先制攻撃で相手をやっつけるというのは、あからさまな戦闘行為になり、今回の新安保法制でも許されていない。その結果、駆けつけ警護で派遣され、警護の任務を遂行中の場合も、自分や守るべき民間人などの身が危なくなる以前は、自衛官は相手を傷つけない程度の武器使用しかできないのです。

果たしてそういうことが可能なのか。防衛省も自衛官も悩んでいると思います。実際に派遣され、現場に直面し、いろいろなことが起こりうる。防衛省はこの問題で特段の発言をしていないようですが、自衛官の身の危険があるので、今後はもう外国と同じような権限を与えてほしいと要望していくのか、それとも安保法制はつくられ、それに面従腹背するけれども、実行段階では現場の実情を反映して駆けつけ警護そのものに慎重に臨むのか。真剣な議論が求められています。

●自爆テロを防ぐ訓練をして自衛官は安全になるのか

政府は、「新任務を与えても、ちゃんと訓練すればリスクは減る」と答弁しています。問題は、ではどんな訓練をするのかということです。

例えば今、各国の軍隊で最もやられている訓練は何かと言えば、自爆テロを防ぐ訓練です。自爆テロをやろうとする人は、市民の格好をしてお腹に爆弾を巻いて近づいてきて、自分もろとも爆破するわけです。爆破すれば、一〇～一五メートル以内は爆風が来ますから、近づく相手を殺すしかないわけです。

ですから、自爆テロを防ぐために各国軍隊で今やられている訓練は、そういう事態を想定した訓練です。近づいてきて顔の見える相手、目の前にいる相手に向かって引き金を引く訓練が必要なのです。それはアメリカ軍も認めているように、人間の本性に反するものすごく難しいことです。だから考えないでやれるようにするための訓練が必要になってくるのです。

ただそれで本当に安全になるのか、犠牲を減らせるのかということが問題です。例えば、殺したあとに確かめたら普通の市民だったらどうするのかということです。相手がテロリストであっても、憎しみの連鎖の中に入っていくわけです。そういう訓練をしたからといって、自衛官が安全になるなんてことはないでしょう。

●現在、南スーダンには自衛隊が果たすべき任務はない

南スーダンに自衛隊を派遣した二〇一一年当時は、世界でいちばん若い独立国家を支援するんだということで、国際社会が祝福する雰囲気がありました。私自身も、日本のＰＫＯというのは、アメリカから褒められるところは一生懸命やる気になるけれども、アメリカが無視しているところはあまりやる気が出ないということをずっと経験してきたものですから、南スーダンには進んで行ったほうがいいという感覚を当時持っていました。

私の基本的な立場は、なんとか自衛隊を使う道はないかと考えようというものでした。非武装でできる任務、あるいは身を守る武器使用だけをもって人道支援をして、戦闘行為には加わらないような任務のあり方はないかと考えてきました。

しかし、今の中東やアフリカではそのような任務はありません。現在、南スーダンに派遣した当初

と異なり、ＰＫＯ五原則が完全に崩れていますから、状況が悪すぎると思います。

現在は、自衛隊を出すのは基本的に我慢しなければいけないと言いますか、出してはいけない時期です。自衛隊を出すことで、むしろ日本が将来、役割を果たす上でマイナスになる要因の方が大きいと思います。イスラム国（ＩＳＩＬ）なるものは叩き潰せるかもしれないけれども、そのプロセスで生じた恨みが元となり、また別の何らかの組織が出てくる。そういういたちごっこをアメリカがやっているわけですが、日本はそこから距離を置いて、もっと大きな展望で、本当に根本的な解決に繋がるようなビジョンを持って活動していく。そういうポジションをきちんと持つべきだと私は今思っています。

●国民はどんな自衛隊だから支持してきたのか

今、国民の大多数、九割の国民は自衛隊を支持しています。ここに来るまでに六〇年間、特に陸上自衛隊が地道に災害派遣などで貢献しながら、あるいはＰＫＯで汗をかきながら、一生懸命やってきた涙ぐましい歴史があったんだろうと思います。

私もちょうどそういう時期に防衛官僚をやっていたわけですが、今回の安保法制を見た時に一番感じる違和感というのは、自衛隊が新法制にもとづく新しい任務を遂行していくとして、それを国民、或いは政治がどこまで認識し、どこまで支持し、どこまで責任を取ってくれるのかということです。

イラクに自衛隊が行った時に、国連安保理の決議もありませんし、イラク戦争そのものが間違いだということもあって、日本国内では反対の世論と運動が広がりました。しかし、活動を通じて現地の人から感謝されることで国民からある程度の理解を得たと思います。それが可能になったのは、非戦闘地域で人道復興支援をするという枠組みをつくったからです。時々、宿営地にロケット弾は飛んできたけれども、人道復興支援という武器を使わない仕事をする、そして、こちらからは一発の弾も撃たず、結果として一人の犠牲者も出さずに今日まで来ている。

●自衛隊への国民の支持が覆りかねない

非戦闘地域での復興支援というような考え方は、国際的なスタンダードから見れば、日本国憲法との整合性の解釈でフィクションだと私も思います。フィクションだけれども、自衛隊は海外で一発も撃っていない。そういう実際の運用の中で、かろうじてそのフィクションが現実でありえたと言うか、フィクションをフィクションのまま放置してもそれ以上に議論する必要がなかったという状況が続いてきたわけです。

それが、武器使用を拡大するということになれば、道路を修理するだけじゃないんです。襲われている人を助けに行く、そんなことは武器を使わなければ出来ません。そうすると、今まで海外で一発も撃たなかった自衛隊、海外で一人も殺さず、戦死しなかったこれまでの自衛隊ではなくなってくるということです。

そうすると、九〇％の国民はどんな自衛隊を支持してきたんですか、というところに戻ってくるわけです。私は、国民の九〇％の支持というのは、災害派遣を一生懸命やったことも大きいと思いますが、それだけではないと思います。ＰＫＯに出す時にも、私が仕事していた防衛庁にも反対のデモが来るような状況のなかで、ガラス細工かもしれないけれども、戦争にならないよう、一発も撃たないで済むよう、関係者が精一杯の努力をしてきた結果なのです。そこが覆ると、自衛隊への国民の支持も、一夜にして崩壊する可能性もあります。

今後、ＰＫＯの現場でも撃たなければいけない状況になってくるとして、それを国民が支持し続けるのかどうかということが、今後、問題になってくる。そういうことを可能にする法制が、そのことへの理解が進まないまま可決されたというところが、一番の問題だと思うのです。

●日本国民に本当に問われている選択は

自衛隊や自衛官の中に、海外で部隊としてやっていくのだったら、武器使用権限も含め思う存分に能力が活かせるような法制にしてほしいという希望があるのは、それはそれで分かるのです。何か別の思惑があってそう希望しているわけではない。

しかし私は、軍隊というのは、国民が支持しないこと、理解しないことは出来ないと思います。単に現場に行っている人の技量とか、兵器の質だけで自衛隊の仕事が良く出来るというものではない。それは具体的には何かと言えば、犠牲者が棺に入って帰ってくるということを国民がどういう受け止め方をするのかという、そこを見極めなければ自衛隊の仕事は出来ません。

先日、元陸幕長の先輩と議論しました。その先輩は「自衛隊はしっかり準備をして、政治の命令があればやっていきます」とおっしゃる。そのための職業だからそれはそうなんだけれども、しかし問題は、「その結果について、誰がどう責任を負うんですか？」ということです。

その先輩が、今、後輩の部隊長たちに対しては、「自分たちが出来ないと思ったら、政治の要請を断りなさい。断る勇気を持ちなさい」と言っているとおっしゃっていました。現在、それほどのことを言わなければならない緊張関係が、必然的に生まれてくるという状況になってきています。

くり返しになりますが、武力の行使を憲法で否定されている自衛隊が、海外の戦場に派遣されるのに、「いや、戦争に行くのではありません」というのが嘘っぱちなのです。しかし、これまでは、その嘘のところでみんなコンセンサスが出来ていた。そしてその嘘が顕在化しないような形でやってきていた。しかし、「もうそんな嘘は通用しないよ」という時代になったのです。

その結果、日本国民に本当に問われているのは、「憲法を選択するんですか?」、或いは「現実にあわせて日本も普通の国としてやっていくことを選択するんですか?」ということなのです。そういう大きな選択の方が先に問われているはずなんです。

そこの議論がなくて、「このままの武器使用では不都合があるから」という、技術的なところの議論しかなされていない。だから、安保法制が非常に理解しづらいものになっているのだろうと思います。

●自衛隊派遣によって何を獲得しようとするのか

もう一つ問われていることがあります。それは、日本は自衛隊を派遣することによって、国際社会で何をしたいのかということです。

南スーダンで道路を治す仕事を自衛隊がしています。イラクでも同じ仕事をしていたのです。その時自衛隊がなおした道路は、もう滅茶苦茶になっているだろうと思ったら、橋などは残っていて地元の人たちが重宝して使ってくれているそうで、それはそれで良かったのです。

では、橋を作ることが日本国としての目的だったのかと言うと、そうではないはずです。橋を作りに行くことが目的であったのなら、橋が残っていれば成功だったとなるでしょう。しかし、どうも違う。イラクの人たちは、新たな内戦が起きてしまって、決して平和に暮らしているわけではない。南スーダンに道路を作りに行っていると言っても、それはミッションの現象面に過ぎないのであって、それを通じて日本国は何を達成しようとしているんですか、ということが問題なのです。

南スーダンに日本人が行くと、よく「ニーハオ」と挨拶が来るそうです。南スーダンに限らず、現在、アフリカでは中国の存在感が大きいのです。そういう中国のプレゼンスの向こうを張って、日本のプレゼンスを示すんだということであれば、果たして三〇〇人の施設科部隊を出して道路を治すことが、何千人も来ている中国――ビジネスマンも行っています――に対抗した存在感を示すことになるのか。

どうも違う。国としての目的が分からないまま自衛隊が派遣されている。

イラクでアメリカがやろうとしていたのは、あの地域を民主化する、大量破壊兵器をなくすということでした。その目的を考えた場合に、実際に大量破壊兵器はなかったわけですし、政治は、民主化どころか今はもう滅茶苦茶な状態になっている。

支援される側のアメリカの政治目的がそもそも間違っていたのに、支援する側の日本の目的が成功裏に終わったというのは、ちょっと違うだろうと言わなければならない。今まさにそこを問わなければばいけないと思います。

●自衛官は何のために命をかけられるのか

結局、政府がなぜ自衛隊を海外に出しているかと言えば、普通の国になりたいということでしょう。世界がPKOを出しているから、日本もお付き合いをしたいということです。それは目的の一つとしてあってもいいのかもしれません。

でも、現在のような局面になってくると、お付き合いをするために本当に命を張れるのかということが問われるわけです。自衛官が亡くなるというような状況が生まれたとき、「お国のために死んでくれて大変立派なことだったんですよ、どうぞ安んじて英霊としてお眠り下さい」という話を本気で出来るのかということです。もちろん、死んでもらっては困りますけれども。

自衛官は「事に臨んでは危険を顧みず、身をもって責務の完遂に務め、もって国民の負託にこたえる」という服務の宣誓をします。その宣誓の一番最初に何と書いてあるか。「私は、わが国の平和と独立を守る自衛隊の使命を自覚し」と書いてあります。続いて、「日本国憲法及び法令を遵守し」――最近ではブラックジョークのように聞こえてしまいますが――と書いてあります。

大事なことは、最後にある「もって国民の負託にこたえる」ということなのです。総理大臣の命令や、総理大臣の意志にこたえるのではない。これを裏から読めば、新安保法制にもとづく任務を自衛官に与えることについて、国民が本当に負託しているのかということが問われている。国民の負託がなければ、自衛官は命をかけるということにはならないのです。そうでないと死ねないのです。

●組織の雰囲気が最後は決定的になるときがある

イラクに自衛隊を派遣したのも、対テロ戦争をリードしているアメリカに対するお付き合いのような意味がありました。あるいは、お付き合いを通じて日米同盟を良好に維持しようというのが、日本政府としての大きな政治目的でした。

当時、その程度の目的なのだから、死ぬような無理をすべきではないという雰囲気が存在していました。私がいた官邸にもあったし、与党の幹部にもあったと思います。そういう雰囲気が伝わるから、現場に行っている部隊も出来るだけ抑制的に、地元と敵対しないという努力をしていました。

二〇一五年の夏にオープンにされた陸幕の資料によれば、陸上自衛隊は「危ないと思ったら撃て」という指導はしていました。しかし、誰も撃たなかったのです。「そこまでやらないほうがいい」という東京の雰囲気がやはり伝わるのです。人間とはそういうものなのです。法律的に「やってもいい」と言われても、「これは非常にやばいな」と感じた時に、何を基準に決めるかと言うと、やはり属する組織や日本社会の雰囲気なんです。

自分の属する組織の雰囲気というものが、最後に人間の判断を決めるということがあります。ところが現在、法律的にやれることが増えたというだけでなく、政府や与党の雰囲気も、「先に行け」みたいになってしまっている。そうすると、今の政権の下で派遣されれば、撃たないで帰ったら怒られるんじゃないかという発想になりかねない。

そこを私は非常に心配しています。イラク以上のことをやったら、絶対に戦死者が出るというのが私の確信です。だから今、声を上げなければいけないと私は思います。

●日本がめざすべき国家像について議論が不可欠

普通の国になるという目的のために自衛官が命をかけるのか。かけられるのか。普通の国になった方が世界のためにいいんじゃないかという選択もあるわけでしょうが、日本のように海外で一発の弾も撃たなかった国にふさわしく、もう少し違う答えもあると私は思います。

現地の人は日本に何を求めているのか。自衛隊がイラクで歓迎された理由ははっきりしています。日本という国は原爆で破壊されたのに、そこから立ち直った国で、経済大国になったすごい国だから、自衛隊が来るということは、次にトヨタと日産とソニーが来るんだからと自衛隊を歓迎するわけです――誤解だったわけですが。

南スーダンの問題でも、やはりそういう部分は必要なんです。国際社会の共通した取り組みの中で、どういう役割を日本が果たして行くか。日本にしか出来ない役割を果たすことによって日本の存在を高めていくという道筋があるはずだと思います。どういう道筋で、どういうリスクを覚悟して、どういうプレゼンスを高めることが、どのように日本にとって、或いは世界にとって、意味のあることになるのか。日本がめざすべき国家像は何かと言ってもいいのかもしれませんが、今大事なことは、そこを議論することでしょう。

●現行憲法のもとで生まれた自衛隊の可能性を探っていく

憲法九条について、国会で、防衛大臣になる前の稲田朋美議員と安倍総理の間で議論がありました。九条二項で軍隊を持たないと書いてあり、憲法学者の七割が自衛隊は憲法違反だと言っていて、自衛隊の存在を国民に対して説明しにくいから、それは変えた方がいいのかもしれないというような議論でした。私はこれは、二重の意味でおかしいと思います。

一つは、説明しにくくても、まずそれをきちんと説明するのが現職の総理大臣の責任でしょう。もう一つは、国民の理解が得られないから憲法を変えるというのなら、国民が理解出来ない安保法制はどうするのかということです。憲法学者の七割が自衛隊は違憲と言っているといいますが、安保法制は憲法学者の九五％が違憲だと言っていて、賛成しているのは三人しかいないわけですから、そちらはどうするのかということです。

私が代表を務めている「自衛隊を活かす会」は、現行憲法のもとで生まれた自衛隊の可能性を探り、活かすことを目的に活動しています。現行憲法のもとで生まれた自衛隊とは、災害派遣で国民を献身的に助けながら、そして六〇年間、海外で一発も撃っていない、一人も殺していない、一人も戦死者を出していない自衛隊です。そういう自衛隊の姿を九〇％の国民が支持している。つまりそれが、生きた憲法九条の内容だということが大切です。なぜ総理大臣が胸を張ってそう言えないのか。私たちは、そういう自衛隊を国民が支持してきたということを出発点にして、これからも活動していきたいと考えています。

Ⅱ

南スーダン

1/1

南スーダンとその周辺の地図

九条とＰＫＯの矛盾を真正面から議論すべきだ

伊勢﨑賢治（東京外国語大学教授）

●独立から内戦へ

自衛隊が駐留する南スーダンの首都ジュバでは最近（二〇一六年七月）、政府軍と反政府軍を中心とする戦闘が激化し、国連安保理は八月に国連南スーダン派遣団（ＵＮＭＩＳＳ）の傘下に四〇〇〇人規模の「地域防護部隊」を増派すると決議しました。決議は、住民保護や国連施設を守るため、この部隊に先制攻撃まで認めています。

南スーダンは、スーダンの内戦から生まれた、世界で一番新しい国です。二〇一一年のことです。国際社会は、隣国のスーダンとの紛争を抱えるこの国の誕生を支援しようとしました。ＰＫＯも、新しい国の建国の支援という意味合いで派遣されることになりました。

ところが、しばらくすると、この国は内部から分裂してしまいます。新しい内閣の大統領と副大統領が仲違いし、両派の間で二〇一三年から激しい内戦状態になるのです。

二〇一五年にやっと、停戦合意がなされました。その合意を実行するために、ずっと国外にいた副大統領とその一派が首都ジュバに入り、これから新しい政府の体制をつくろうかという矢先、両派の間で大規模な戦闘が起きてしまったというわけです。

隣国コンゴ民主共和国のＰＫＯでも三年前、武装集団せん滅のため、やはり先制攻撃を認める「介入旅団」が投入されました。南スーダンの部隊は、これの名前を変えただけです。

●南スーダン、コンゴ、中央アフリカは一つの「地域」

そのコンゴでは過去二〇年間に、五四〇万人が内戦で死んでいます。それをもう内戦とは言えません。なぜかというと、国境があっても、ないようなものだからです。元々、この地域の国境というのは、植民地宗主国が勝手に線を引いたものです。一国の反体制勢力は、部族的や地域的なまとまりがありますから、それらが国境を自由に跨ぐわけです。例えばコンゴ民主共和国には四〇以上の反政府ゲリラがいますが、その幾つかは、南スーダンでも紛争当事者になっています。

ですから国連も、南スーダン、コンゴ、中央アフリカを一つの「地域」としてみなしています。一つひとつの国連ＰＫＯのミッションは、一つの紛争国に対してその権限が与えられ、この三か国には三つの独立したＰＫＯミッションが展開しているわけですが、この地域の内戦は一国で完結する問題ではなくて、インターナショナル・シビル・ウォーなので、そうならざるを得ないのです。

南スーダンでは、住民を見殺しにしないためには最悪の場合、受け入れ国の政府軍とＰＫＯ部隊との交戦も避けられません。先制攻撃が認められたからといっても、非常に難しい部隊運用となるでしょう。そういうＰＫＯに自衛隊が参加していることを日本人は自覚する必要があります。

●人道主義と内政不干渉原則の妥協としてのPKO

日本人は、PKOといえば、紛争が終わったあとに派遣され、停戦合意も実現していると思い込んでいます。紛争当事者に対してPKOは中立だとも思っているでしょう。

確かに、日本が最初にカンボジアPKOに自衛隊を派遣した頃は、そういうものでした。日本の法律にもPKO参加五原則（注1）が書き込まれていて、それを担保したものでした。

そのPKOは、最近、一国の内戦に際して派遣されるケースが増えています。その場合、国民を虐めているのは、その国民が属する国家です。派遣されたPKOが国民を守ろうとして武器を使用すると、その国家、政府と対決することになる。それは内政干渉になるわけで、ずっと出来ないことでした。紛争当事者に対して中立的なPKOを派遣するのは、罪もない一般市民が犠牲になるのをほっておけない人道主義と、内政不干渉の原則の、いわば妥協の産物だったのです。たとえるとこんな感じでした。

ある一家の夫婦喧嘩を想像してください。旦那と奥さんが、ものすごい殴り合いやっている。ご近所は、窓越しに、ハラハラしながら見ている。こんな状態がしばらくすると、必ず、ご両人、疲れてくるのですね。お互い、負けは認めないけど、誰かそれなりの人、第三者が肩を叩いてくれるのを、口に出さないけど心待ちにするような（奥さんと不倫の疑いがある隣のオヤジじゃダメです）。

その第三者がPKOでした。軍隊が派遣されるし、武器も持っていくのだけれど、武器はあくまでお飾りだったのです。武力を行使することは前提にしていなかった。

●ルワンダのトラウマ

けれども、一九九四年、それを覆すような事態が生まれます。南スーダンの少し南にあるルワンダで起きた虐殺です。

目の前で住民が殺しあう事態になりました。特に政権側で多数派のフツ族が、反政府勢力をベースとする少数派のツチ族に対して襲いかかる。政権側が悪いことをしたわけです。

その時の国連ＰＫＯ部隊の最高司令官が、ロメオ・ダレールという僕の友人で、カナダの将軍でした。ロメオ・ダレールが国連本部に対して、今たいへんなことが起こりつつある。今我々が行動を起こせば、それを阻止できるから、行動を起こさせて欲しいと、要請するわけです。

ところが国連は中立性が失われるからダメだと言う。ＰＫＯ部隊は停戦を監視するためにいるのであって、武力行使のためではない。特に、この場合は、政府系が悪さをしているので、国連の武力行使の相手が、「侵略」をしているわけでもない一国連加盟国の政府になってしまう。つまり、国連と一加盟国とが、加盟国の内政問題をめぐって「戦争」をするということになる。

ということで、ＰＫＯは行動を起こさなかったのです。武力による内政介入はマンデート（任務）にないと言われて、傍観してしまったのです。そうこうしているうちに、現場の状況は手がつけられないほど悪化します。ＰＫＯに部隊を出していた国が、恐れをなして、一つずつ撤退してゆきます。ＰＫＯは基本的に自発性がベースなので、国連に撤退を止める強制力はないのです。

その結果、ＰＫＯは完全に撤退することになります。そして一〇〇日間で一〇〇万人が犠牲になってしまった。あの時に武力介入をしていれば一〇〇万人は死ななかったでしょう。これが、国連ＰＫ

Oにとっての歴史的トラウマになります。ロメオ・ダレールも、その後、自殺未遂します。
そのトラウマから、「保護する責任」という考え方が生まれます。

●国連が紛争の当事者になることを覚悟した

「保護する責任」とは、誰の責任か？　それは、国連を中心とする国際社会の責任です。危機に瀕している無垢な市民を見放さないという責任です。

これが実行に移されるまでには時間を要しました。やはり、国連の原則である内政不干渉がネックとなっていたのです。

しかし、内戦による犠牲者はどんどん増えていきます。紹介したように、南スーダンの隣のコンゴ民主共和国では、なんと二〇年間で五四〇万人が犠牲になっています。東京都民の半分という、とてつもない数です。

そうして、ようやく国連は一大決心をします。それが、一九九九年に国連事務総長の名で発布された告知（注2）です。これにより、ＰＫＯ部隊は、任務遂行のためには、「紛争の当事者」になることを厭わなくなったのです。この告知によって、もし無垢の住民がＰＫＯの目の前で攻撃を受けたら、ＰＫＯはその脅威に「紛争の当事者」として対抗し、戦時国際法・国際人道法に則って「交戦」することになったのです。

これは、それまで中立性を重んじていたＰＫＯにとって、一つの革命です。国民に脅威を与えるのが国軍である場合、ＰＫＯは国軍と戦うのです。もはや、停戦の有無などは関係ありません。

●先進国に部隊派遣は求められていない

現在、ＰＫＯのＲＯＥ（武器使用基準）も、先鋭的になっています。昔は簡単でした。武器使用は正当防衛とか緊急避難に限られるなど、警察とほとんど変わらないものでした。しかし、例えばコンゴＰＫＯでは、地元政府に見せられるＲＯＥと見せられないＲＯＥの二種類がありました。見せられるＲＯＥには、反政府ゲリラなどがターゲットと書いてあるのですが、見せられないＲＯＥの方は政府軍と警察との交戦が想定されているのです。現在のＰＫＯは、南スーダンを含め、そういう非常にセンシティブな状況で住民保護というマンデートを遂行しているのです。

そういう紛争ですから、歴史的な責を負う旧宗主国もＰＫＯに部隊を出しません。出せないのです。旧宗主国が旧植民地の政府と交戦したら大変なことになります。

では、どんな国が部隊を出しているのか。一つは伝統的にＰＫＯ部隊を外貨稼ぎの機会とみなす発展途上国です。もう一つは、今は内戦が国際化していますから、集団的自衛権のマインドで参加する周辺国です。つまり「ここの内戦を放っておくと我が国も危ない」という脅威の共有の下、周辺国が集団的自衛権のマインドでやってくるのです。中立性が重んじられた昔は、周辺国の参加は既得利権があるとして忌諱されたのですが、住民の保護がマンデートとなった現在、「真剣に戦ってくれる」ということで、ミッション設計の前提となっているのです。

こうして、現在のＰＫＯでは、集団的自衛権と集団安全保障ＰＫＯが極めて接近しています。はっきり言います。部隊派遣は、日本を含む先進国には求められていません。実際に参加していません。

●PKOの変質を日本は見ないふりをしている

現在、自衛隊が送られている南スーダンPKOが、まさにこれなのです。ですから、多数の住民が犠牲となり、中国軍のPKO兵士が二人殉職しましたが、国連は逃げません。逃げないどころか、先制攻撃する部隊を増派することにしたのです。

日本政府はジュバの情勢悪化後も、停戦合意などを柱とするPKO参加五原則は「崩れていない」と言っています。確かに、カンボジアに自衛隊が派遣された一九九一年は、五原則の意味はあったと思います。しかし、先ほど紹介したように、九九年にPKOは大変質を遂げます。

南スーダンにしても、二〇一三年末に内戦状態に入って以来、五原則はずっと成り立っていないわけです。二〇一五年八月に和平協定に署名はされましたが、やはり停戦合意は全然守られてきませんでした。一六年七月の戦闘拡大を受け、マシャール副大統領が国外に退避し、解任されたことは、和平が初期段階で頓挫してしまったということを意味します。

ところが現在、自衛隊がPKO活動をすることについて、リベラルなメディアも批判しません。PKO法ができた時、自衛隊が海外に戦争に行くんだというアレルギーが国民のなかにあって、それを取り除くため五原則があるし、国連が決めて、世界のためにやるんだからという宣伝がやられた。

この戦略は、非常に成功したわけです。九条は一字一句変わっていないのに、自衛隊に対する国民の好感度が激増したわけです。「違憲なのに、なんとなく合憲」みたいな雰囲気の中で、軍事組織としての法的な地位を与えないままに、国際法的に交戦権の支配する、つまり戦場であるPKOの現場に送られてきた。今回、安保法制で自衛隊の業務全体が底上げされることによって、この矛盾が更に先鋭化するのがこのＰＫＯです。だから今、ＰＫＯに注目するのは本当に大事なことなのです。

●新安保法制の新任務は憲法違反で的外れ

日本政府は五原則を非常に恣意《しい》的に解釈してきたわけですが、南スーダンの情勢悪化とＰＫＯの変質で、この矛盾はもう説明がつきません。国際社会で「武力紛争でない」「平穏だ」などと言っているのは日本だけです。

新安保法制に基づく自衛隊の新任務をどう見るか。これは完全に憲法九条に抵触します。「宿営地の共同防衛」にしても、他国部隊と一緒に銃を持って基地周辺をパトロールという話なら、自己防衛ではありません。武力による威嚇行為です。

新安保法制〝以前〟の問題として、歴代のＰＫＯの自衛隊員がどういう格好をしているか、写真で見てください。普段着じゃないでしょう？　ちゃんと戦闘服を着ていますよね。これは、敵が戦闘員と識別し、非戦闘員と区別できるように定めた戦時国際法・国際人道法に則っているのです。

そして、右腕には国連章を付ける。これは国連の指揮下にあることを示します。国連は、ＰＫＯ受け入れ国（例えば南スーダン政府）と多国籍軍として一括して地位協定を結びます。それによって、受け入れ国側の裁判権から免除される特権がＰＫＯ部隊に与えられるのですが、それを担保することによって、国連ＰＫＯ司令部は、傘下の各国部隊に指揮権を発動するのです。日本政府が別個、地位協定を結ぶことはありません。

つまり、自衛隊は、「武力の行使」をするPKO部隊と「一体化」するのです。もともとから、憲法九条と抵触しているのです。

「駆け付け警護」は、そもそも安倍首相の前提がおかしい。集団的自衛権行使の閣議決定をした際、パネルを使いながら「日本の自衛隊が日本のNGOの命を守れない」と説明したわけですが、こんな考え方は国連にはありません。

自衛隊も国連平和維持軍司令部の指揮下にあり、国籍は関係ありません。「自衛隊だから日本人を守れるように」などと言うこと自体が、国連の文化・鉄則に反しているのです。

日本でいう「駆け付け警護」は、国連では単に「プロテクション（保護）」と言います。

自衛隊が襲撃現場のすぐ近くにいるという場合もあるかもしれませんが、国連は危機の段階に応じて職員やNGOの退避計画（セキュリティープラン）を必ず定めています。ここでいうNGOとは、国連と正式な契約を結んでいるものです。つまり国連が危機の段階に応じて設定する行動命令に従うということです。保護対象が命令に従うことを条件に国連はその保護の責任を負うのです。命令を聞かない者に対して責任はとりようがないからです。国際赤十字や国境なき医師団など〝真〟のNGOは、国連の保護などハナから当てにしませんし、平常時においても国連を含む全ての武装組織から絶対的な距離を置き、完全なる「中立性」を確保し、そしてそれを顕示することによってみずからを保護するという哲学があります。この意味でも日本の「駆け付け警護」の議論は、国際社会から遊離しています。

●「自衛隊はいますぐ撤退を」は出来ない

では、南スーダンの自衛隊をどうするのか。ＰＫＯ参加五原則と矛盾をきたしているけれども、どう考えるのか。

新安保法制は廃止すべきだと思います。しかしそれだけでは、南スーダンの問題は全然解決しません。新安保法制のあるなしにかかわらず、南スーダンはこれまで紹介したような事態になっているのです。

ＰＫＯ派遣五原則はなりたっていないのだから自衛隊は今すぐ撤退させろと、少なくない方は思うでしょう。でも、それはもう遅すぎます。「自衛隊はいますぐ撤退を」という意見には賛成できません。

今、全世界が、南スーダンの情勢を憂い、住民を見放すなと言っている時に、日本が引いたら、どうなるでしょうか？　ルワンダの時は、ＰＫＯはこういうものだからと、みんなで撤退したわけです。でも、現在、まったく違う状況です。世界が重大な人道危機だとみなして、なんとか介入して危機を乗り越えようとしているのです。そういうときに日本だけが逃げ出したら、危機に瀕した無垢な住民を見放す非人道的な国家という烙印を押されます。外交的な地位が失墜します。こういう状況下では、現場の自衛隊は撤退しないというか、できないのです。

●小康状態を捉え、別の支援策とセットで撤退する

でも、国連がＰＫＯの増員を決定したばかりですから、いつか必ず、現場は、小康状態になるはずです。それまで、自衛隊が、武力で住民を守らなければならないような状況に遭遇しないことを祈る

しかありません。

そして、なんとか持ちこたえて、その小康状態が訪れたら（その時には国際人道主義も少しは余裕があるはずで）、今度こそチャンスを逃さず、自衛隊を一旦、完全に撤退させましょう。

同時に、ただ自衛隊を撤退させるだけで、日本が南スーダンの人々を見放したと受け止められてはなりません。それは人道的に許されません。だから、自衛隊を引く代わりに、別の貢献の方法を考えなければなりません。小康状態になる時期を見て、非軍事分野での支援策と引き換えに撤退するのが良いと思います。

アイデアは色々とあります。そもそも、軍事部門はPKOの一つの構成要素でしかありません。規模的には一番小さいが一番権限を持っているのが行政部門です。軍事監視団も非常に重要な部署です。非武装の軍人が紛争当事者の懐に入っていって信頼醸成をするのです。もう一つが文民警察です。

●すべての政治勢力が議論して合意をつくるべきだ

大事なことは、以上のようなプロセスを、国民も合意し、政治も合意することです。政権や政党を批判する政局問題にしてはなりません。

安倍政権が新安保法制をつくり、その法制で決まった「駆けつけ警護」の任務を自衛隊に与えるということで、安倍政権を批判する声が高まっています。でも、それだけでいいのでしょうか。

そもそも、南スーダンに自衛隊を派遣したのは、民主党政権です。その後、一三年に停戦合意が崩れ、五原則が意味をなさなくなったのに、どの政党も国民も自衛隊の撤退を求めてきませんでした。共産党も南スーダンからの自衛隊の撤退を主張したのは、つい先月（二〇一六年九月）のことです。

ＰＫＯだから、世界から求められているからと、誰もが現実を見ないできた。世界が南スーダンの状況を重大な人道危機だとみなしているのに、自衛隊を派遣し続けるために、「状況は安定している」と言い続けてきた。「安定している」と言わなければ自衛隊派遣の根拠がなくなるので、みんなでそうしてきた。みんな同じ穴のムジナなのです。

それなのに、いまになって駆けつけ警護の任務を与えるからと言って、ようやく五原則違反だとみんなが言いだしている。これでは、安倍政権憎しの感情で動いていると言わざるを得ません。派遣された自衛官は置き去りにされている。全く意味をなさない日本の国内法と、国際人道主義の板挟みになって、世界で最も危険な戦場の一つに置かれ続けるのです。現場の自衛隊はたまったものではありません。

自衛隊をこの状況に追い込んだのは誰の責任でしょうか？　一九九九年の国連によるＰＫＯの劇的な変化を見誤ったのは、誰の責任でしょうか？　南スーダン、いやアフリカのあの一帯の危機的状況を見誤ったのは、誰の責任でしょうか？

自民党だけですか？　そもそも、常に批判の目を政策に注ぐのが、野党の役目じゃないのですか？

僕は、安倍政権の安保法制に反対の立場をとってきました。これは、現場、特に南スーダンの自衛隊の立場を、今まで以上に悪くするものと考えています。

しかし、以上で説明してきたように、諸悪の根元は、この安保法制ではありません。だから、問題を政局にせず、以上で提案したようなプロセスを、政治の合意にしてほしいのです。「安倍は悪いやつだ」みたいなもので満足するのでなく、安倍政権も野党も一致して、自衛隊がなんとか南スーダンから撤退できる道を議論し、合意してほしいのです。

●交戦権をめぐる九条とＰＫＯの関係を問い直す

このままＰＫＯへの自衛隊参加を続ければ、いずれ殉職者が出るでしょう。政府は殉職を憲法九条のせいにするかもしれません。どこの国の政府であろうと、自国の兵士の死を必ず政治利用しますから。それで世論がいっきに動いて九条が変えられるのだけは、許すわけにはいきません。

自衛官の殉職を政治利用させないためにも、今、やらなければならないことがあります。交戦権を否定する憲法九条と交戦権を行使するＰＫＯ参加との関係を、真正面から問い直すことです。

ところで交戦権とは何でしょうか。個別的自衛権と集団的自衛権は、軍隊が移動する距離とは関係ありません。個別的自衛権でも、一度攻撃を受けたら、何千キロ離れたところにも出かけて行って敵を殲滅できる。そして占領して暫定統治まで出来る。併合はできません。侵略になりますから。でも、暫定統治のやり方までは、戦争法規（ロー・オブ・ウォー）つまり前述の戦時国際法・国際人道法で示されているわけです。これが「交戦権」です。

日本はどうでしょう。九条は、国の交戦権はこれを認めないと言っているわけです。国際法でいう個別的自衛権というのは交戦権のことを言うのですが、日本国憲法は認めていない。

では、日本人が、九条が許していると思っている個別的自衛権はなんですか？　実は国際法でいう個別的自衛権ではないのです。それは、日本が自ら定義した「自衛権」という概念で、つまるところ

「交戦をしない自衛」なのです。

●必要最小限の反撃をするけれど、交戦しない？

防衛省のホームページには、こうあります。

「憲法第九条第二項では、「国の交戦権は、これを認めない。」と規定していますが、ここでいう交戦権とは、戦いを交える権利という意味ではなく、交戦国が国際法上有する種々の権利の総称であって、相手国兵力の殺傷と破壊、相手国の領土の占領などの権能を含むものです。一方、自衛権の行使にあたっては、わが国を防衛するため必要最小限度の実力を行使することは当然のこととして認められており、たとえば、わが国が自衛権の行使として相手国兵力の殺傷と破壊を行う場合、外見上は同じ殺傷と破壊であっても、それは交戦権の行使とは別の観念のものです。ただし、相手国の領土の占領などは、自衛のための必要最小限度を超えるものと考えられるので、認められません」

必要最小限の反撃をするけれど、交戦しない。それは、どういうことでしょう？まず、攻撃を受けます。そして、反撃します。でも、それでも、敵が攻撃を止めてくれなかったら？応戦の継続になります。それでも相手は止めてくれない。埒があかないから、奴らがやって来る本拠地を叩こうと思うじゃないですか。敵地攻撃ですね。でもそれは出来ないわけです。

もし、その応戦の継続の中で、自衛隊が捕虜に取られたらどうしますか？　日本は自衛隊員が捕虜に取られてもジュネーブ条約上の捕虜としての扱いをしなくても良いと国会答弁で外務大臣が言う国です。交戦主体になれないからです。

もし、自衛隊が応戦中に間違って敵国の民間船を沈めてしまったらどうしますか？　これは、国家が責を負うべき国際人道法違反です。こういう軍事的過失に対処する法体系を我々は持ちあわせていないのです。軍事法典がない。つまり、自衛隊は法的に軍事組織ではありませんから、軍事的過失は、自衛隊員個人の過失になってしまうのです。

●もう解釈では説明できないところに来た

「交戦しない自衛」を別の角度から見ると、反撃の継続ができないということになると、逆に、その一撃で相手の追撃の意思を挫くために、そこでは使わない軍備をより高めようとなりませんか。つまり、「抑止力への渇望」が、逆に強まるのではないか、と。ヘタをすると、核武装までいってしまう。日本は既に総合通常戦力で世界第四位の軍事大国になってしまいました（クレディ・スイス二〇一五：ストックホルム国際平和研究所（ＳＩＲＰＩ）とグローバル・ファイアーパワー（ＧＦ）を総合した指標）。

応戦が継続したら、交戦しない自衛権の行使というのが、一体どうなるのか、誰も分かっていません。だから今までやっていないんです。概念的に自衛権ということにしておいて、何もせず、実際にやっていないわけです。自衛隊は、戦後、防衛出動できるのに、していません。現場の自衛官たちが、このナンセンスさを一番わかっているのです。

個別的自衛権、集団的自衛権が交戦権の世界であるのに対して、国連ＰＫＯは、唯一、交戦権を考えなくてもよさそうだということで、日本はこれに自衛隊を送ってきたわけです。国連ＰＫＯはもともと、「敵のいない軍隊」でしたから。

ところが、ＰＫＯが変化したことによって、もう解釈では説明できないところまできています。くり返しになりますが、南スーダンＰＫＯの問題は、「駆け付け警護」をしなければ済むという話ではないのです。

九条の下では、ＰＫＯに自衛隊を出すことはできません。出すのであれば、九条を変えなければならない。現在のＰＫＯと交戦権を否定する九条は完全に矛盾しています。治安が小康状態になったタイミングで南スーダンに派遣している自衛隊はいったん撤退させて、与野党を超えてこの問題を真正面に議論するべきです。

●オプションは二つしかない

僕は今、九条と交戦権との関係を真正面から問い直す時期だと思います。常備軍の禁止に加え、交戦状態に入ることも認めない。ここに九条の重みがあります。

戦後ずっと交戦してはいけないと憲法に掲げてきた日本が、一九九九年以来、交戦主体（紛争当事者）として先鋭化を続けてきたＰＫＯに部隊を出せるはずはないのです。

「九条を守る」とはどういうことか。国民的議論をしましょう。

くり返しますが、今ＰＫＯに加わることは、「紛争の当事者」になることを前提としなければなりません。それは、つまり、「敵」を見据え、それと「交戦」することです。それを九条が許しますか？

二つしかオプションはありません。

①変貌したPKOに自衛隊を参加させるのだったら、九条を変える。

②九条を変えないのなら、自衛隊は絶対にPKOに行くべきでない。

これを国民が決めるのです。これこそを、与野党は、政局とするべきなのです。いずれにせよ、国民の総意が必要です。それなしに、危険なところに赴き命をかける自衛隊にどうやって「大義」を与えることができるのでしょう？

●日本国憲法の前文でいう「名誉ある地位を占めよ」とは？

最後に、この問題を議論する際に、考えていただきたいことがあります。特に憲法九条を大切に思っている方には考えてほしい。

南スーダンのあるアフリカのこの一帯は、すべて、原油、レアメタル、ダイヤモンドなどの資源国です。内戦状態のこういう国から、資源がなぜか我々一般消費者の元に届くのです。密輸されたものです。そして、この利権が内戦の原因なのです。

欧米では、こういうものを「紛争資源」「紛争レアメタル」「紛争ダイヤモンド」と呼んで、業界そして消費者自身の自主規制の運動を始めています。戦の原因となる地下資源をマーケットから排除する取り組みがなされているのです。アメリカでは、それをすでに法令化し、EUでも同じ動きがあります。

日本はどうか。全く、悲劇的に、遅れているばかりでなく、日本のメディアは報道すらしません。メディアの責任か？　我々視聴者が、それに興味を示さないかぎり、営利企業であるメディアは報道しません。

日本は、「紛争資源」を無批判に消費する、数少ない先進国の一つになってしまいました。日本国憲法の前文でいう「名誉ある地位を占めよ」とは、こういうことなのですか?

（注1）ＰＫＯ参加五原則
①　紛争当事者間で停戦合意が成立していること
②　受け入れ国や紛争当事者がＰＫＯや日本の参加に同意していること
③　中立性の厳守
④　①~③の原則のいずれかが満たされない場合、自衛隊は撤収できる
⑤　武器使用は必要最小限に限る
※ＰＫＯ法（一九九二年成立）で規定、二〇一五年の戦争法で⑤に任務遂行型武器使用を追加
（注2）国連事務総長告知（一九九九年八月一二日）
『国連主導多国籍軍における国際人道法の遵守』（Security-General's Bulletin : Observance by United Nations Force of International Humanitarian Law）

駆けつけ警護の問題を現場から考える

渡邊隆（元陸将）

私は自衛官の経験者で、日本が最初に参加したカンボジアＰＫＯに関与しましたので、いろんなところでお話したりする機会が多くあります。しかし、私がこれから述べることは、必ずしも現役の自衛官の方々を代弁するものではないことを断っておきます。

●自衛官の発言空間が狭い原因

本来は、現役の制服自衛官が公開の場に多く参加したり、あるいは自分の意見なりスタンスなりを述べることが望ましいと思います。そのような社会の方が正しいのではないかという気が致します。ただ、そういう場面をご覧になることは、おそらくないだろうと思います。陸海空問わず、現役の自衛官の発言空間、言論空間は狭いと言いますか、非常に限られております。

彼ら自衛官の発言空間をここまで狭くしてしまった原因は、何よりも我々にあるのではないでしょうか。「我々」と言う意味は、私はもう自衛官を辞めていますので、自衛官を除く我々にあるということです。

私が防衛大学校に入りましたのが昭和四八年、一九七三年です。その年の九月に長沼ナイキ訴訟（航空自衛隊基地の建設に伴っての訴訟）の第一審判決が下されまして、そこでは自衛隊は憲法違反であるということになりました。この判決は上告審で覆されるわけですが、防衛大学校の一年生、当時一八歳の私にとって、これから自分が一生かけてやろうという仕事が憲法違反と言われたわけで、未だにその衝撃は忘れることはできません。また、二審の高等裁判所や最高裁は自衛隊は違憲ではないということを判決で述べただけで、明確に憲法に自衛隊が記載されているかというとそうではありません。

そういうことが自衛官の言論空間を奪った大きな要因の一つです。

もう一つの要因は、警察予備隊として自衛隊が編成されて以降のほとんどの期間、自衛隊はずっと批判され、叩かれ続けていたということです。そのような中で、現役が大きく声を出して自分達を主張するような、そういう機会はほとんどなかったのではないかなと思います。

本当につい最近になって変化がありました。冷戦が終わり、世界のいろいろなところに自衛隊が出て行くようになって、あるいは国内では阪神淡路大震災や雲仙普賢岳、3・11の東日本大震災などを通じて、自衛隊がやっている活動に関しては非常に多くの国民のご理解を得られるようになりました。

現在、自衛隊について好意を持っている、ある程度好感を持っていると感じておられる国民は九二％ぐらいにのぼると言われています。ただ、自衛隊が置かれている法的立場は、創設以来何も変わっておりません。この辺のところが、私が一番、国民の皆さんに訴えておきたいところです。

●国際法上は軍隊だから武器を使用できるけれども

与えられたテーマは、「駆けつけ警護の問題を現場から考える」です。特に現場で自衛官として武器を携帯していたという経験から、武器使用権限に関する議論を振り返ってみたいと思います。

自衛隊は国際法上の軍隊ですので、当然のことながら武器、兵器を保持しております。ハーグ陸戦法規というものがありますが、これはいわゆる陸上の戦いについて決めた国際法です。この定義に基づくと武器を公然と所持していることこそが軍人の定義ですので、武器を持って当然の組織です。

しかしながら、無尽蔵に、無限界に使えるのかというと決してそうではありません。武器を公然と保持、所持をしているが故に、非常に厳格に武器使用が制限されていると言うべきだろうと思います。いわゆる抑制的な武器使用、これが基本の第一です。

では、自衛隊の武器使用はこれまでどのように考えられていたのか。いわゆる防衛出動、我が国が外国の軍隊に攻められて戦争を行うという場合は、自衛権に基づくものであって、日本国憲法は否定しておりません。これは武力の行使ですので、武器の使用ではありません。

武器の使用と言う場合、国内と国外の二つがあります。まず国内です。

国内においては誰にでも認められている自然権としての正当防衛・緊急避難と、治安出動や警護出動などいわゆる緊急時における出動と、平素から持っている武器弾薬を守るための武器使用に分かれます。

自衛隊の武器使用は通常、総じて抑制的です。ミサイルや戦車、護衛艦を持っていますが、それでも抑制的です。戦争が起きて兵器を撃ち合うという戦いを除けば、基本的には自衛官の武器使用は、警察官の武器使用と同じだと考えてよかろうと思います。相手が武器を持っていないことを前提にしてできあがっている警察官職務執行法が準用されているということです。

つまり、業務を妨害しようとする者に対して、これを排除するために、やむをえないと認められる相当の理由がある場合に武器を使用することは、今まではほとんど認められていませんでした。国内で大規模な騒乱などが起こり、治安出動が下令された場合にのみ認められてきました。

●駆けつけ警護が可能になったが危害許容要件がある

一方、国外はどうか。これまで国外における武器の使用は、正当防衛・緊急避難及び武器等防護のための武器使用に限られていました。海賊対処時の武器使用もございますが、いずれも自分に危険が及ばない限り、武器を使用してはいけないということになっています。これが国外における自衛隊の武器使用の基本的な考え方です。

今回の法改正で、ＰＫＯにおいても武器使用の権限が改正されました。業務を妨害しようとする者に対して、これを排除するために、やむをえないと認められる相当の理由がある場合に武器を使用することができるようになりました。それで駆けつけ警護が可能になったのです。

ただ、この場合の武器使用においても、危害許容要件というものがあります。業務を妨害する者に武器を使用する場合でも、いわゆる正当防衛・緊急避難以外では、相手に危害を与えてはいけないという但し書きが付いています。自分が死ぬかやられるかという危険がない限り、相手に向かって危害を与えるような射撃をしてはいけないということです。

こういうことを言うと、多くの方から、「危害を与えないような射撃があるんですか?」と聞かれます。しかし正に、危害を与えないような射撃をすることこそが自衛官の、自衛隊の武器使用なんだとお考え頂きたい。

当てないように武器を撃つ。これは大変難しいのです。結果として外れてしまったということではなくて、当たらないように武器を使うということがいかに難しいことであるか。練度を必要とするのです。本当にたくさんの訓練をしなければ、その境地に到達出来ないということをご理解頂きたいと思います。

●「駆けつけ警護」ではなく「いわゆる駆けつけ警護」

では今回、南スーダンをめぐって課題となっている「駆けつけ警護」の問題です。日本で理解されている駆けつけ警護とは何か。

日本のNGOやPKO要員が武装集団などによって攻撃される、あるいはそのおそれが非常に高い時に、自衛隊が彼らに攻撃をされていないにもかかわらず、武器を取って出かけて行って、彼らを守る行動。これを総じて「駆けつけ警護」と言っております。

これまで武器の使用は正当防衛・緊急避難に限られていました。ですから、自衛隊が彼らに攻撃されていない段階での武器使用は、正当防衛・緊急避難に当たらず、法で認められた武器使用の範囲を超えており、したがって認められないというのがこれまでのスタンスでした。今回の法改正により、「自衛隊が彼らに攻撃されている」という必要がなくなったというわけです。

それでもこれを「駆けつけ警護」と言うのが正しいかは疑問です。「いわゆる駆けつけ警護」と言うのが正しかろうと思います。

「駆けつけ警護」というのは、英語では「rush to rescue」、あるいは「rushed escort」と言いますが、これをアメリカの軍人に一生懸命説明しても、ほとんど分かってくれませんでした。アメリカの軍人は、「いわゆるレスキュー・オペレーションならどこにいたってレスキューだろう。これが出来てなぜこれが出来ないいんだ?」と疑問を持つので、日本的な意味の理解が非常に難しいのです。日本国内でしか通用しないということで、「いわゆる」を付けたいわけです。

●国連のPKOの武器使用ではAタイプもBタイプもない

別の角度から見てみましょう。武器使用というのは、「いわゆるAタイプ」と「いわゆるBタイプ」の武器使用に分かれます。これも「いわゆる」ですので、あくまでも日本国内の議論で言われることとして捉えて頂きたいと思います。

Aタイプの武器使用というのは、いわゆる自己を防衛するための武器使用です。正当防衛・緊急避難に相当します。

Bタイプというのは任務遂行型の武器使用や、妨害排除のための武器使用と言われています。任務を遂行する上で支障があった時に、妨害を排除してでも任務を達成するためにやむをえない武器使用です。

これまで紹介してきましたように、日本は国外でのBタイプの武器使用を認めてきませんでした。

Ａタイプの武器使用に限ってきたのです。

ところが国連のＰＫＯでは、ＡタイプもＢタイプもありません。このＡタイプとＢタイプを括ったものが、現在、世界で展開している国際連合の平和維持部隊（ＰＫＯ）の基本的な武器使用権限のスタンダード、交戦規定（国連ＲＯＥ）です。ですから、ＡタイプとＢタイプに分けるという日本の考え方は、海外の軍人に説明しても理解不能なわけです。

●憲法で武力行使が禁止されていることとの関係で

なぜ日本はこれまで、Ｂタイプの武器使用ができなかったのか。それは、相手が国または国に準ずる組織の場合、憲法の禁ずる「武力の行使」にあたるおそれがある、というのが当時の内閣法制局長官の答弁でした。

最初は止むを得ず武器を使用するにしても、相手がもっと集まってきて大勢で来る、そうなると、こちらも大勢で出かけて行って、お互いに銃を撃ちあうようになる。その相手が国または国に準ずる組織であれば、まさに「武力の行使」であって、戦闘行為に陥っているのではないか。したがって、憲法が許している自衛の範囲を超えている、『「武力の行使」にあたるおそれ』ということでした。

その結果、国連のＰＫＯ部隊に自衛隊を出す時に、他国の参加部隊がＡタイプもＢタイプも使える状況の中で、日本の自衛隊だけがＡタイプしか使えない状況がつづいてきたわけです。それが問題になってきたのです。

武器使用の問題点をもう一度、整理したいのですが、何が問題かと言うと、任務遂行のための武器使用が認められていないできたことそれ自体ではありません。国連が認めている交戦規定（国連ＲＯＥ）に対して、同じ国連のメンバーで参加しているのに、それが認められない。ここにギャップがあるということが問題だったわけです。

●海外派遣されて以降これまで変化はなかった

一九九二年に最初のＰＫＯに参加してから、すでに四分の一世紀以上が過ぎています。これまで自衛隊はいろいろな所のＰＫＯに参加してきました。ＰＫＯ以外でも、ルワンダの難民救援支援であるとか、ＰＫＯ法とは別の海外の災害派遣、国際緊急援助隊活動も行いました。場所的にはカリブ海から南太平洋、アジア、アフリカに至るまで、非常に多くの地域で活動を続けています。現在は南スーダンに三〇〇人ほどの自衛隊員が活動を継続しています。

この間、派遣される自衛隊に付与される任務に何か変化があったかと言うと、基本的な変化はありません。監視や巡回、駐留、武器の搬入、収集、処分といった軍隊が行う本来的な業務――法案審議では本体業務と言っておりましたが――、これらの活動に日本は一度も参加したことがありません。これは事前の国会承認も必要なのですが、日本がいわゆる本隊業務、軍隊が本来行うべきと言われている業務に参加出来ない理由は、これまで紹介してきたように武器の使用権限が異なっているからです。

今まで自衛隊が行ってきた活動は、俗に言う後方支援です。道路を作る、橋を建設する、輸送する、或いは医療支援をするという活動を自衛隊はこの二五年間、継続をしてきたわけです。

●新安保法制で新たな任務が追加された

安全保障法案で何が変わったのか。ＰＫＯ法に関して言えば、防護を必要とする住民、被災民その他の者の生命、身体、財産に対する危害の防止、あるいは抑止、その他特定区域の保安のための監視、駐留、巡回、検問、警護の任務が追加され、出来るようになりました。

それから、国際連携平和安全活動――聞きなれない活動で、私も初めてこの言葉を見てびっくりしました――、人道的な国際救援活動――これはルワンダで実際にやっています――、このような活動でも不測の事態、または危難が生じて、あるいはそのおそれがある場合に、緊急な要請に対応して行う当該活動関係者の生命及び身体の保護のための任務が追加されたということです。ですから、これに関する限り、先ほどのいわゆる本体業務に参加する道が開けたと言えるかもしれません。

なお、国際連携平和安全活動は、ＰＫＯ法案の中に一つの用語として盛り込まれました。しかし、これについての十分な議論は重ねられなかったと思います。

この国際連携平和安全活動は、国連が行う国連平和維持活動ではありません。ＰＫＯと言うのは、国連の安保理決議に基づいていわゆるブルーヘルメットという部隊を編成して、各国が一体となって行う活動ですが、実は最近、この活動は簡単には行えなくなってきました。地域あるいは能力と意志のある有志連合が一緒になって、そのような活動を行うということが冷戦後に非常に増えてまいりました。逆に言えば、それに対して日本が何とかしようと思えば、そのような枠組みを法的に考えておかなければいけないというのが、国際連携平和安全活動なんだろうと思います。

いずれにしろ、国際連携平和安全活動には三つの条件があります。①停戦が合意されていること、②紛争による混乱や暴力の脅威から住民が保護されていること、そこが混乱状態、戦闘状態ではないということです。③武力紛争が終わり、終了後に行う民主的な手続、手段による統治組織の設立や、再建の援助等を目的として行う活動に限り、自衛隊はＰＫＯと同じように、法律の枠組みで参加出来るというのが、大きく変わったＰＫＯ法案の概要と言えるのではないかと思います。

●施設科部隊でなく普通科部隊が派遣可能に

こうした法改正の結果、何が変わるのか。自衛隊はこれまでＰＫＯに工兵（施設科）部隊や輸送部隊のような後方支援の部隊しか派遣してきませんでした。南スーダンに派遣された自衛隊も同じで、道路や橋を直す部隊です。しかし、これからは歩兵(普通科)部隊を派遣することが可能になりました。歩兵部隊、普通科部隊と言うのは、特定の任務ではなく、通常「この地域を担当しなさい」という形で指示される部隊です。その地域の治安を維持し、安定させることが歩兵部隊の役割になります。いわゆるＰＫＦの本体任務を行う上で、先ほどの武器権限ともあわせてようやく――私にとってはようやくなんですが――、ある程度、出来るような法的体制が整いつつあると思います。

なお、自衛隊では歩兵部隊とは言わず、普通科部隊と言います。自衛隊は国内的には軍隊ではないので、兵という言葉を使えないのです。ですから、歩兵、砲兵、工兵ではなく、普通科、特科、施設科という言い方になります。

ＰＫＯだけではありません。人道救援、国際平和連携活動などにおいても、もし要請があれば、このような活動を行っても良いというのが今回決まったということです。

●法的に出来ることと実際にすることは別問題

現在、自衛隊は南スーダンのＰＫＯに出ています。既に第一〇次隊ですので、半年という派遣期間を考えれば五年間の活動が行われているということです。最近は、あまりニュースにもならなくなっていましたが、駆けつけ警護が問題になり、再び注目を浴びています。

私自身は駆けつけ警護については当然行うべきというか、駆けつけ警護が出来ないなら、そもそも日本がＰＫＯに参加する資格すらないのではないかと思っていました。ですから、これが法的に出来るようになったということは、時代の流れと共に一つの結論なんだろうと思っています。

とはいえ、法的に出来るということと、これをやるということはまた別の話です。ＰＫＯ全般の中で、自衛隊が置かれている現地の状況など、いろいろな状況を勘案して、任務として与えるのか与えないのかというのは一つの政治決断です。

また、南スーダンのＰＫＯ全体では、すでに多くの歩兵部隊、治安を維持する部隊が展開しています。その中で、日本の部隊が常に駆けつけ警護をしなければいけない状態かと言うと、決してそのような状態ではないということも事実です。

ただし、これまで派遣されてきた施設科部隊であっても、東ティモールのＰＫＯやルワンダの人道復興支援業務で行われたように、緊急な要請に基づいて、止むを得ず相当な理由があると認められる時には施設科部隊が保護活動や救護活動、輸送活動などを行う場合があります。それは南スーダンＰ

ＫＯ部隊にとっても例外ではありません。

●国として覚悟を決めてスタートしたのに

自衛隊が海外で活動を開始して四分の一世紀です。我々はそういうことをしないのだと決心をして、思い留まっていればそれで良かったのですが、ある時期に一つの決心をしてスタートを切ってしまったんです。

そうしてスタートを切ったのだけれども、いろいろな法的制約があって、そこで停滞をして全く前に進めないのが現状です。派遣される当事者から見ると、非常に宙ぶらりんで、不完全燃焼の状態が今も続いているというのが、実はこの国際貢献や海外協力活動における今の日本の一つの状況ではないかと思います。

一九九二年に最初にカンボジアに行った時、日本はとてつもなく予算を使った六〇〇名の大部隊を派遣して、初めてで失敗をするわけにはいかないですから、全車両を綺麗に白く塗装するなど、現地の人びとがびっくりするぐらいの装備と人員を集めて行ったのです。

その時、日本と同じように初めて参加をした国がありました。どこかと言うと、実はお隣の中国でした。当時の中国の部隊は四五〇名ぐらいで、隊員がまだ地下足袋を履いて、スコップを持っているような工兵部隊でした。

●結論を出さなさ過ぎたのではないか

同じような時期にスタートしたのですが、二〇数年経って中国は今どうなっているでしょうか。アフリカや世界に展開をしているPKOの極めて重要な比重を中国が担っています。二〇一〇年の頃、私が統合幕僚学校という学校の学校長だった時に、学生を引き連れて中国に参りました。中国は北京郊外の広大な敷地に、すごく立派なPKOトレーニングセンターを持っております。かたや日本はどうかというと、PKOセンターをつくろうと言って、僅かな予算要求をして土台まで作っておきながら、例の「仕分け」という作業があり、その場の判断で建屋がなくなってしまいました。PKOセンターがなくなったわけではないのです。建屋がなくなったのです。トレーニングセンターはあるのに、教室もなければ何もないというところで、私は学校長としてゼロからスタートしなければいけなかったのです。

この二〇数年間の日中のPKOに対する進化の度合いと、国としての方針の向き合い方の違いを見るときに、あまりにも我々は足踏みをし過ぎていたというか、迷いすぎていたのではないでしょうか。あるいは、結論を出さなさ過ぎていたのではないかとずっと思っています。

●安保法制の議論でもイメージが見えなかった

もちろん、その結論がどちらであろうといいのです。ただ、結論に至る議論が、特に国民の方々に対して分かりやすく明確にした論点と、出た結論が最終的にどのようなものになるのかというイメージや姿をしっかりと出すことが大変重要ではないかと思いますが、今回の安保法制の議論を見ながら、その辺のイメージは私自身にとってもあまり見えないものではなかったのかなと、ここは非常に残念なところではなかったかなと思います。

最後に、一番最初に述べた自衛官の発言空間が非常に狭い現状について、補足したいと思います。自衛官は「行動の人」ですから、彼らは行動を持ってしか自分をアピールすることが出来ません。自衛官の本音がどこにあるのか、彼らは何を思って活動しているのかということを知りたいのであれば、彼らの現状、行動をしっかりと理解をして、そのための議論を高めていく必要があるのではないかとＯＢながら思っています。

戦争現場の人は日本に何を期待するか

モハメド・オマル・アブディン（東京外国語大学特任助教）

戦争現場の人は日本に何を求めているのか。これは難しいテーマですが、私の専門分野は紛争研究ですので、自衛隊が展開している南スーダンの状況について述べながら、南スーダンに対してはどういう支援が有効なのか、果たして自衛隊に駆けつけ警護の任務を与えることが有効なのかということを、私なりに考えてみたいと思います。なお、南スーダンは、二〇一一年にスーダンから独立した世界でもっとも若い国ですが、私はそのスーダン出身です。

●紛争の背景にある二人の人物の対立

南スーダンの問題というのは、南スーダンだけを論じていても理解できないのです。なぜなら、この地域の周辺諸国にも利害関係があり、しかも利害を持つ当事者が複数存在するからです。そういう複雑な場所に自衛隊が派遣されているということを、まずよく知ってほしいと思います。

南スーダンが独立した当時は、現在のような紛争状態ではありませんでした。ですから、南スーダンは安全ということで、自衛隊は派遣されたのです。自衛隊が展開しているのはジュバという南スーダンの首都ですが、比較的安全ということで展開してきました。しかし、すでに二〇一三年には内戦が起こっています。

南スーダンの大統領はサルバ・キール（Salva Kiir）大統領という人です。一方、元副大統領でリエック・マチャル（Riek Machar）という人がいます。南スーダンの紛争の背景にあるのは、基本的にはこの二人の長年といいますか、三〇年にも及ぶライバル関係があるというのが、私の考えです。テレビなどで、ヌエル族とディンカ族の部族間の紛争と報道されるのを見ることがあるでしょうが、そういうことをウラで操作しているのが、この二人の長い間のライバル心ではないかと思います。

南スーダンのゲリラの組織としてSPLA（Sudan People's Liberation Army：スーダン人民解放軍）があり、その政治部門はSPLA（Sudan People's Liberation Movement：スーダン人民解放運動）と言います（以降、SPLMで統一）。サルバ・キール大統領は、SPLMの二番手の実力者でした。また、サルバ・キール大統領はディンカ族の出身で、これは南スーダンのなかで多数派を占めています。

SPLMの一番手はジョン・ガラン・デ・マビオル（John Garang de Mabior）という人で、二〇〇五年に亡くなりました。三番手はリエック・マチャルで――機械工学の博士号も持っています――、ヌエル族という民族の出身です。

●独立前から対立は続いていた

南スーダンが独立する前、いまだスーダンで南北内戦が続いている時に、リエック・マチャルは、SPLMから離脱します。自分の独自の組織をつくって南スーダンの独立を訴えます。というのは、当時のSPLMは、独立を訴えていたのではなく、統一スーダンを目指していたからです。「ニュー・

スーダン・ビジョン」と言って、南の人も北の人も出身地域を元に差別されることがない新しいスーダンのビジョンを持っていたのです。

それに対してリエック・マチャルは、SPLMのなかで、「そんなことを言っても無理な話だから独立しましょうよ」と主張したわけですが、受け入れられなかったので離脱したのです。そうして、自分の出身民族であるヌエル族を使って、対SPLMの武力紛争を進めるのです。スーダンで南北紛争が起きていた一九九〇年代から、南部において南部人同士の戦いが始まっているわけです。その犠牲者は数十万人に及んだと言われています。

紆余曲折を経て、二〇〇五年に南部で和平協定が結ばれます。その直前にリエック・マチャルはSPLMに戻ります。日本の政党でも、議員が出たり入ったりすることがよくありますが、それと同じです。その頃、一番手のリーダーだったジョン・ガランが飛行機事故で亡くなり、サルバ・キールが南部スーダン政府の大統領になるわけです。

そこから独立戦争が始まり、二〇一一年に南スーダンは独立します。大統領は引き続きサルバ・キールで、リエック・マチャルは副大統領に就任しました。

●ゲリラ組織がそのまま軍になっているので

当初、サルバ・キール大統領は自分はもう次の選挙に立候補しない、次の選挙で降りると宣言しました。しかし、二〇一三年あたりから、やっぱりもう一回大統領がやりたくなるのです。一方、リエック・マチャルは、次は自分が立候補すると宣言する。

こうして政権党であるＳＰＬＭが分裂するわけです。ＳＰＬＭは政権党といっても、もともとはゲリラ組織ですし、南スーダンの軍の実態は南スーダン国軍というものではなくて、ＳＰＬＡ（スーダン人民解放軍）というゲリラ組織をそのまま引き継いでいるわけです。政党の軍が国の軍隊になっているわけです。

以上のような対立を背景に、二〇一三年のＳＰＬＭの分裂と同時に、ＳＰＬＭがそのままどんどん割れていきます。サルバ・キール大統領は、「私は一九九一年のことはいまだに忘れていない」と強調します。どういうことかというと、リエック・マチャルは九一年にＳＰＬＭを離脱し、南スーダン人同士の戦いを仕掛けた張本人だろうということです。こうしてリエック・マチャルに対する憎悪を煽るわけです。さらに二〇一三年の暮れに、自分の出身のディンカ族の人を使って、首都ジュバ――自衛隊が展開している安全だとされる地域――で虐殺事件を引き起こします。正式なデータはありませんが、ある団体によると約二万人が殺されたそうです。武器を使って戦闘行為をドンパチしたのではなく、ヌエル族の家を回って、ヌエル出身者のＳＰＬＭの中枢部をどんどん虐殺するわけです。

●派閥同士の対立構図が続いている

こうして二〇一三年の暮れに、安全と思われていた地域に突然、一六六万人の国内避難民と五〇万人の難民が出ることになります。南スーダンの人口の四分の一にあたります。そもそも二〇一三年のこの紛争は、突然の想定外の話ではなくて想定内のことでした。安全なところに自衛隊を送り込んだはずなんですが、本当に安全かどうかの検証を誰がやったのか、私はすごく不思議なんです。それ以前の二〇一二年にも、ジョングレイ（Jonglei）という地域――安全ではないところで韓国軍が展開しています――で、知事選挙の勝利者をめぐって内乱が起きています。

南スーダンは失敗した形で独立したとも言われています。そもそもＳＰＬＡという国軍は、リエック・マチャルが率いる派閥もあり、北部政権の軍隊と一緒に戦っていた複数の分派も存在していたのを、サルバ・キール大統領が全部の派閥に向かって「ＳＰＬＡに戻っていらっしゃい」と言って、みんなが戻ってきてつくったものです。しかし、指揮系統はほとんどそのままで以前の派閥のトップが持っています。ですから、二〇一三年にジュバでドンパチが起きると、南スーダン全土でＳＰＬＡの派閥同士の紛争が起きてしまうわけです。その結果、全土で反乱が多発し、状況が悪くなってしまったのです。

●ウガンダと南スーダンとの関係

以上は南スーダン国内の話です。次からは、近隣諸国の話になります。近隣諸国はみんな、南スーダンの利権を狙っていて、政府側についたり反政府側についたりするので、非常に複雑な事態が生まれています。

例えば南隣のウガンダは、スーダンの南北紛争が起きている間に、反乱組織であるＳＰＬＭを長い間支援してきました。ヨウェリ・ムセベニというウガンダの大統領が支援したのです。一方、二〇〇五年に南北の和平協定が結ばれますが、それを仲介したのはウガンダの東隣のケニアでした（南スーダンの東南部が接する）。そのケニアはＳＰＬＭを支援していたわけではないのですが、和平協定を達成した手柄があり、南スーダンに対して大きな影響を与えることになります。これにウガンダが非常に危機感を感じていました。

二〇一三年暮れの南スーダン内部の紛争が起きた時、サルバ・キール大統領の側は「これは危ない」と思って、すぐにウガンダ軍に出動要請をします。反乱軍から首都ジュバや首都周辺を守ったのは、SPLAではなくてウガンダ軍（UPDF）だったのです。自衛隊はそこにいるわけです。駆けつけ警護が決まって、誰を誰から守るのかという話が出ていますが、ウガンダ軍はすでに入っているわけです。

ウガンダは南スーダンにある非常に大きな経済利権を狙っています。ウガンダの南スーダンに対する輸出は、全体の二三％も占めていて、非常に大きいのです。南スーダンのジュバに行きますと、ほとんどのお店はウガンダ人、エリトリア人などです。南スーダンは非常に大きな市場ということもあります。

●ケニアと南スーダンとの関係

次はケニアです。二〇〇五年の和平協定を仲介した国です。

ケニアも南スーダンの経済的利権を狙っています。南スーダンは石油が一日に五〇万バレルも出る国で、経済のポテンシャルの非常に高いところです。現在、スーダン北部にパイプランを引いて、スーダンの東部から輸出していますが、やはりもともとの敵国ということもあっていろいろと問題があり、ケニア経由のパイプラインを建設しようとしています。これを牽引しているのは日本の豊田通商です。

これに対して、スーダンが面白くないと思っています。さらに、これまで積極的だったケニアのなかでも、南スーダンの紛争が拡大してそれどころではないということもあり、実現可能性から見て難しいし、南スーダンのリスク要因が非常に大きいということもあって、話が下火になっています。

●エチオピアと南スーダンとの関係Ⅰ

次はエチオピアです。二〇〇五年にはケニアが南スーダンの南北紛争を仲介しましたが、二〇〇七年からケニア国内の選挙をきっかけに、内戦のようなものが始まります。それ以降、一〇年間が経ち、この地域で非常に高い経済成長を見せているエチオピアの存在感が高まっています。エチオピアも南スーダンに非常に関心があるのですが、これには二つの要因があります。

一つ目です。南スーダンと接する地域で石油が発見されているのですが、そこにエチオピアの反政府組織が存在することとかかわっています。

南スーダンの状況が悪化すると、反政府組織が自由に南スーダンに逃げたり、武器を調達してエチオピアに戻って反政府活動をさらに展開するのではないかということが心配されています。そこで、エチオピアの治安面を考えても南スーダンの安定が必須だということで、エチオピアは、南スーダンのリエック・マチャル派とサルバ・キール大統領派の和平協定を仲介します。

ところが、マチャルはエチオピアの首都のアディスアベバで和平協定にサインしますけれども、キール大統領は嫌がって出てこないのです。理由は、エチオピアが反政府組織寄りだということで、和平協定へのサインを拒んだのです。しかし、オバマ米大統領からサインしないと経済制裁を加えると言われて、エチオピアの新しい首相がジュバにわざわざやって来て、いやいやながら、ようやくキール大統領がサインしたのです。サイン会に出席した私の知り合いの南スーダンの議員の話では、サインする時に大統領は嫌がって泣いたそうです。

これが和平合意の実態です。いやいやサインしているわけですが、そういうものが本当に履行されるのか、よく考えてもらいたいです。和平合意があったと言えば、心を入れ替えたのではないかと思いがちなんですが、仕方なくサインすることや、戦略的にサインするなどのことも、結構あるということです。

●エチオピアと南スーダンとの関係Ⅱ

二つ目です。エチオピアは最近、ナイル川流域にルネッサンスダムという大きなダムをつくっています。これを利用して、南スーダンなどに電気を輸出しようとしているわけですが、エジプトがこれを非常に嫌がっています。

なぜかと言うと「エジプトはナイルの賜物」だからです。上流でダムをつくられてしまうと、水量が減るのではないかと心配し、非常に抵抗しているのです。

しかし、「アラブの春」でエジプトが混沌とした状況になるなかで、エチオピアの力がどんどん相対的に上がってきています。エジプトはダム建設を牽制していますが、エチオピアの大統領は、二〇一三年、領土を接していないにもかかわらず、軍事的行動も辞さないと言ったのです。

南スーダンで二〇一三年暮れの紛争が起きた時、サルバ・キール大統領は、エチオピアを反政府寄りだとして牽制していました。それでサルバ・キール大統領は、二〇一四年三月、エチオピアと対立するエジプトと軍事協力協定を結ぶのです。

その協定の中身として最も重要なのは、南スーダンで危機があれば、エジプト軍が展開できるということです。エジプトから見れば、エチオピアの近くまでやってきて、エチオピアの反政府組織にも支援でき、圧力をかけることができるわけです。南スーダンにとっては、エジプトとの関係を強めることによって、エチオピアに対して牽制できるということです。

こうして南スーダンは、この地域において、非常に大きな国際環境の中で翻弄されているのです。そこに自衛隊が行っているということを分かってほしいと思います。

●スーダンと南スーダンとの関係

近隣諸国との関係での最後は、分かれた母体国家との関係です。北部のスーダンとの関係で抱える問題です。

南スーダンは二〇一一年に独立しますが、一番の問題はスーダンとの国境線が確定していないことです。領土が確定していないまま独立しているんです。その結果、紛争の要因が生まれます。たとえば、アビエイ（Abyei）という地域は石油の埋蔵量が豊富なんですが、その帰属をめぐって双方で見解が違っていて、問題が解決していないんです。その結果、二〇一一年以降も小規模な紛争が何回か発生しています。しかも、そこにはエチオピア軍が三〇〇〇人ぐらい展開しており、停戦合意しているといっても、いまだに未解決の重大問題があるのです。

南スーダンは安全だと言われますが、以上のような地域環境のなかにあります。要約すると、次のようになっています。

基本的にサルバ・キール大統領を守っているのはＳＰＬＡではなくウガンダ軍です。さらにエピオピアが南スーダンに大きく関与している。スーダンとの問題は相変わらず山積みである。さらにエジプトとエチオピアの緊張は、軍事協力協定と結びついて、南スーダンで代理戦争が戦われる可能性を生み出しているということです。南スーダン問題というのは、政治の空白地帯として近隣諸国がそこで利害調整するなかで生まれている。このことを分かって頂きたいと思います。

自衛隊が展開した二〇一一年、一応、南北紛争は終わってました。これから紛争が起きる可能性は低いという仮定のもとで、日本の自衛隊は派遣されました。しかし、状況はそうではないということです。

●自衛隊は南スーダンでどう見られているか

最後です。南スーダンの人たちは日本に何を求めているか、ということです。

自衛隊の施設部隊が展開し、ここで道路をつくっています。日本としては、ＰＫＯに自衛隊が参加することで、世界におけるプレゼンスを示せるかもしれません。しかし、南スーダンに三年間ぐらいいた知り合いから聞いた話ですが、自衛隊がつくっている道は、国連関係者が住むコンパウンド（複合住居）と国連関係者しか買い物ができない値段の高いショッピングモールの間の道だそうです。自衛隊の皆さんにはすごく申し訳ない気分になりますが、南スーダンの一般の人が通る道ではないのです。誰がそれを自衛隊に要請したかはわかりません。

こうした自衛隊は、南スーダンでどう見られているでしょうか。これは二つに分かれています。二〇一三年暮れの危機が起きた時に、ヌエル族の人たちが国連のコンパウンドのなかに入ってきたのですが、たまたま物資を配っていたのが日本の自衛隊員だったそうです。だから、コンパウンドのなかの国内避難民は、自衛隊に対してすごくありがたいと言っています。一方、南スーダンの社会はここまで分断されていますので、どちらかを保護することは、どちらかを敵に回すということを意味します。

こうした状況ですから、紛争がエスカレートした時、日本の自衛隊が駆けつけ警護をするまでもなく、自衛隊が敵とみなされるリスクはありますので、その時にどうするかということです。私は軍事専門家ではないのですが、自衛隊が本当に自分たちの命を守れるかという問題があるのではないかと思っています。

●自衛隊には南スーダンの人に道をつくらせる訓練をしてほしい

自衛隊が本当に意義や意味のある活動をしようと思えば、私は現状がベストではないと思います。別のやり方があります。

先ほど紹介したように、南スーダンは大統領側と反政府側の対立のなかで、非常に軍事化された社会になっています。六〇年間、紛争がずっと長引いていたので、信じられるのは武器だけなんです。

そういった軍事化された社会をどのように非軍事化するか。そう言うと、日本がアフガニスタンでやった武装解除という話になりがちですが、ここではそれ以外のオプションを提示したいと私は思います。

どういうことか。南スーダンは石油の埋蔵量が多いので、関連する技術者などを多く必要としています。石油を採掘するにせよ、それを輸送するにせよ、インフラ整備もまだまだし、それを担う技術者が必要なのです。ですから、自衛隊自体が道をつくるというよりも、自衛隊が南スーダンの人を訓練して道をつくるほうが望ましいと思います。オン・ジョブ・トレーニングをしていったほうが、今後の南スーダンの発展を担う人々のスキル向上につながるのではないかと思います。それが南スーダンを非軍事化させることにもつながります。

もう少し安全になってから、南スーダンの若者を訓練のために預けるところとして、自衛隊の施設部隊は貢献できるのではないか。私はそう思っています。

派遣される自衛隊員の立場で訴える

泥憲和（元陸自三曹）

南スーダンは深刻な人道的危機に陥っています。独立以来五年を経て、内戦が収まらず、死者は数万人を数え、避難民は二〇〇万人を超えたと言います。南スーダンの国づくりに協力するために派遣された自衛隊の業務も滞りがちです。

そうした状況のなか、二〇一五年に成立した安保法制にもとづいて、「駆けつけ警護」を含む新しい任務が自衛隊の南スーダン派遣隊に下されようとしています。自衛隊に対して戦後初めて武器使用任務が与えられるかも知れません。新任務に備えた訓練が、一六年八月二五日から始まっています。

●日本政府が答えないこと

政府は、武器使用任務を付与しても、直ちに命令を下すとは限らないといいます。自衛隊関係者や国民の不安を沈静化したいからそういうのですが、一方で政府はPKO活動で自衛官が死亡した際に支給される賞恤金《しょうじゅつ》（弔慰金）の最高額を六〇〇〇万円から九〇〇〇万円に引き上げるそうです。

そもそも命令を下さないのに任務だけ与えるというのはマンガです。だったら何のためにわざわざ憲法解釈を変えてまで法整備したのかということになります。

国際社会の責任ある一員として人道的義務を果たすべきだという意見がある一方、新任務は憲法に違反するものだから自衛隊を帰国させよという意見もあります。南スーダン派遣隊は戦いのために派遣されたのではなく現地の住民を助ける民生復興が任務なのに、どうして武器を執らなくてはならないのかという自衛隊員やその家族の不安の声も聞こえます。

政府はつぎのような疑問について、自衛隊員と国民に対して誠実に回答すべき義務を負っています。南スーダンの現状はどうなのか。自衛隊が戦闘に巻き込まれる可能性があるのか。自衛隊は能力的・法的に何ができて、何ができないのか。仮に武器使用に至った場合に、どのような問題が生じ、それへの対策はどのように講じられているのか。自衛隊員の殺傷行為について、法律的なサポートはあるのか。

残念なことに、どの疑問についても政府は満足な回答を用意していません。国会答弁も木で鼻をくくったような官僚的作文を繰り返すばかりです。こうした政府の下で、自衛隊員は戦場に派遣されようとしています。その不安は如何ばかりでしょうか。

政府はどうして誠実な回答ができないのでしょうか。これからそのことを確かめたいと思います。

●内戦状態にある南スーダン

自衛隊が宿営する首都ジュバで、二〇一六年七月に大規模な戦闘が生じました。日本国内では市民を含めた死者が二〇〇人を超えたと報道されましたが、その後の現地報道によれば、死者は一〇〇〇人を超えたそうです。

戦闘は、ディンカ族主体のキール大統領派政府軍と、ヌエル族主体のマシャル副大統領派野党軍の争いです。キール大統領は「野党軍を壊滅せよ」と指示を下し、政府軍はマシャル軍に対する宣戦布告を示唆しました。首都を追われたマシャル副大統領は政府に対して宣戦を布告して、傘下の軍に首都への進撃を命じました。マシャル軍はいま北部地方で巻き返しのための軍事行動を続けています。南スーダンは明らかに内戦に突入しています。

日本政府の見方は、これは散発的な銃撃戦であって停戦合意は破られておらず、事態は沈静化したというものです。いうまでもなくこれは自衛隊の駐留を続けるための詭弁です。政府の都合で現実を見ようとしないのは、不誠実な態度です。

国連は対立両派を引き離して武装解除する目的で、四〇〇〇人の戦闘部隊を南スーダンに派遣することを決定しました。キール大統領は国連特使に対していったんは受け入れを表明したものの、特使が国外に出たとたんに手のひらを返し、四〇〇〇人は最大受入数であって実際に何人にするかはこれからの交渉次第だと言い始めました。そして増派は政府転覆を目的とした植民地主義であると非難し、現状では受け入れはゼロだといいます。

キール大統領は国連への敵対意思を隠しません。政府軍スポークスマンは国連ＰＫＯ部隊が設置している住民保護区にマシャル派が隠れていると非難しています。住民保護区を撤廃せよと言いたいようです。これは大変な問題です。

もしも政府軍が住民保護区を攻撃し、ＰＫＯ部隊が守り切れなかった場合には、たちまち大規模な住民殺害（ヌエル族狩り）に至るのは避けられません。これは杞憂ではないのです。

二〇一四年四月、政府軍が国連基地を襲ってPKO兵士五八人を殺害する事件が生じました。南スーダン政府軍は、そういうことをする集団なのです。PKO部隊は住民保護区を守りぬけるでしょうか。いま南スーダンは、深刻な人道危機に立ち至っています。

日本政府が目をつむったまま停戦合意が保たれているとか、事態は沈静化したとかいうユメマボロシのような情勢判断をしていても、現実はこのとおりです。こうした事態の中に自衛隊が駐留しています。自衛隊が置かれているのは、日本政府の幻想の中ではなく、情け容赦のない現実世界なのです。こうした中で、南スーダンの自衛隊は、果たして何ができて、何ができないのでしょうか。

●市民を守る能力を持たない自衛隊

一六年七月の首都ジュバでの戦闘に話を戻します。戦闘に巻き込まれて多くの市民が命を落としましたが、その人数は誰にもわかりません。国内報道では二〇数人とのことです。しかし政府軍の手で多数の不法殺害がなされたことが国連関係者から指摘されており、国際的な非難に直面した南スーダン政府は、市民殺害に関与した一部の兵士を処罰しました。一部とはいえ、処罰された兵士は六〇人にのぼります。実際にはもっと多くの兵士が不法殺害に関与しているはずです。すると殺害された市民の数はどれほどにのぼるのでしょうか。

政府軍の不法行為は市民殺害だけではありません。多数の国連関係者や民間NGO職員が被害に遭っています。そのうちのひとつ、テラインホテル監禁事件では、特に米国人女性が狙われ、多数の兵士によって数時間にわたりレイプされたことが、被害女性の証言で分かっています。このとき、ヌエル族の男性メンバーは問答無用で射殺されています。監禁現場からの救援要請に、ＰＫＯ部隊も米国大使館も応じませんでした。救援しようにも政府軍と戦力が違いすぎて、手を出せなかったのです。

さて自衛隊の南スーダン派遣隊の装備は、機関銃五丁、小銃二九七丁、拳銃八四丁、これだけです。南スーダン政府軍は、戦闘機、武装ヘリ、戦車、大砲、携帯用ロケット砲を備えています。とても太刀打ちできる戦力ではありません。戦闘現場に赴いて市民を守ったり、他国軍兵士を救援する能力は皆無です。無理な出動を命じた場合、隊員がたちまちなぶり殺しにあう可能性も否定できません。

このような現状で政府防衛省は具体的に自衛隊に何を求めているのか、自衛隊はどういった状況を想定してどのような訓練を実施しているのか、それが全然公開されないというのは不審なことです。

●市民を守る法的根拠をもたない自衛隊

ＰＫＯ協力法は条文の中に住民防護条項を置いていますが、実際にその任務を与えるかどうかは内閣が決めます。内閣が「国際平和協力業務実施計画」を策定すると、その計画に基づいた政令により、実際の任務付与となります。

南スーダン派遣業務の場合は「南スーダン国際平和協力隊の設置等に関する政令」が作られています。この政令によれば、自衛隊の任務は大きく分けてつぎの四本柱です。

①他国ＰＫＯ部隊に対する物資協力（武器提供は除く）
②選挙監視活動、
③本部業務のうちデータベース作成業務（作戦立案には不関与）

④医療・防疫を含む民生復興支援

派遣隊が実施している道路工事は④の民生復興支援の一環です。

このように、市民防護条項が除かれています。除かれているのは他に停戦後の武装解除任務、武器収集任務、武器搬入を防ぐ監視任務、停戦監視地帯の巡回任務などがあります。つまり直接的な軍事オプションがすべて除かれているのです。

ＰＫＯ法の条項にあるのに市民防護活動が任務から除かれているのは、政府の意図というより、自衛隊は法的に市民防護任務を担えないからです。ＰＫＯ協力法が武器使用を許可しているケースは四つですが、その中に市民防護が入っていません。市民を守るために武器を使用する権限が、自衛隊に与えられていないのです。自衛隊が武器使用を認められているケースは、つぎのとおりです。

①自分、同僚、自己の管理下にある者の防護（第二五条一）

②宿営地防護。施設内の外国軍部隊の防護（第二五条七）

③任務妨害の排除（第二六条一）

④ＰＫＯ活動関係者の防護（第二六条二）

市民防護は四つのケースのいずれにも当たりませんから、自衛隊は市民を守る目的で武器を使用することができない。そこで市民防護任務を担うことができないのです。

いわゆる駆けつけ警護にあたるのは④ＰＫＯ活動関係者の防護です。危難に陥った市民を救護するのが駆けつけ警護であるという誤解があるようですが、残念ながら駆けつけ警護の対象に市民は含まれていません。

●「駆けつけ警護」とはどのような任務なのか

他国の部隊が危機にさらされているのに自衛隊が何もできないというのは不条理であるという議論から、駆けつけ警護任務が法制化された経緯は、周知のとおりです。しかしながら、政府が一貫して具体的な議論を避けて法律を制定したため、駆けつけ警護とはどのような任務なのか、これまでにどのような事例があったのか、ほとんどの国民は知らないままです。そこでこの機会に、実施された駆けつけ警護の具体例をもとに、その実態を確かめたいと思います。

これまでPKO任務の中で駆けつけ警護が実施された例は一件だけです。モガディシュの戦闘といわれる事件で、一九九三年のソマリアPKOで発生しました。この事件でアメリカ軍は戦死者一八名を出し、他にマレーシア軍に一名の戦死者が出ています。

ソマリアPKOは、アイディード派軍隊の包囲のもと、飢餓状態に陥ったソマリア市民を救うために実施されました。米軍はアイディード派を弱めるために、その幹部二人を拘束する作戦を実施しました。第一特殊作戦部隊（デルタフォース）と第七五レンジャー連隊がこの任務につきましたが、作戦がうまくいかず、武装ヘリ二機が撃墜され、部隊が孤立しました。この部隊を救出に駆けつけたのが、米軍第一〇山岳師団とマレーシア軍、パキスタン軍からなるPKO部隊でした。しかし彼らもまた包囲され、車両を失い、多数の死傷者を出してしまいます。攻撃部隊のところにようやくたどり着いたものの、一部の特殊部隊兵士を車両に乗せることができなかったため、彼らは徒歩で脱出するしかありませんでした。

二機のＵＨ六〇武装ヘリ（ブラックホーク）と多数の車両を失い、戦死者は一九名、負傷者は七三名。作戦に投入された兵力が一六〇名なので、半数を超える死傷者を出したことになります。米軍発表だとソマリア側も民兵と市民を合わせて一〇〇〇名もの死者を出したこの事件をきっかけに、米軍はソマリアＰＫＯから撤退し、国連もまた翌年にＰＫＯの失敗を認めて撤収しました。

軍隊が救援を要するほどの現場だから、戦闘は苛烈です。救援行動に対する妨害も激しくなります。モガディシュの戦闘では、ヘリで急襲した部隊まで数キロメートルと離れていない所から地上部隊が合流するのに半日を要しています。

こうした任務を、機関銃と小銃しか持たず、防弾性能も定かでない車両に乗った自衛隊に与えようというのが、どれほど無謀であるか。誰にでもわかると思います。政府や与党議員は、自分たちが自衛隊に何をさせようとしているのか、真剣に考えてくれたのでしょうか。このような任務を付与すると言われる側の不安感がどれほどのものか、国民は知っているのでしょうか。

●自衛隊の武器使用は法的にサポートされているのか

さて、仮に武器使用任務が下された場合ですが、憲法で交戦権を否認されている自衛隊が戦闘で他国民を殺傷することは許されるのかという疑問が上がっています。武器を使用して殺傷行為を行った隊員が罰せられるのでは自衛隊は任務を遂行できません。殺傷行為を行っても隊員が罰せられないという法的なサポートがされているのでしょうか。

ＰＫＯ協力法は自衛官の武器使用について、つぎのように定めています。

「武器の使用に際しては、刑法第三十六条 又は第三十七条 の規定に該当する場合を除いては、人に危害を与えてはならない。（二五条六）」

刑法三六条は正当防衛、三七条は緊急避難の規定です。正当防衛ならば罰せられないというのです。要するに自衛官は、戦闘現場であっても身を守るために必要やむを得ない場合のほかは武器が使えないのです。では、正当防衛でない場合は罰せられるのでしょうか。そもそも戦場で正当防衛なのかどうか、どうやって判断するのでしょうか。

あり得る事態を具体的に想定してみましょう。

一六年七月の戦闘のとき、自衛隊宿営地に数百人の市民が避難し、自衛隊が食料などを提供しています。ところでその年の二月、南スーダン北西部のマラカスにある文民保護キャンプに政府軍が侵入し、多数の市民を殺害する事件がありました。もしも自衛隊宿営地に避難している市民を追いかけて政府軍が押し寄せてきた場合、自衛隊はどうすべきでしょうか。政府軍が狙うのは市民だけで、自衛隊が狙われているのではありません。それでも宿営地防護のために発砲許可を出すのは正当でしょうか。発砲が正当防衛に限るというなら、相手の敵対意思を確認できなければ発砲できないのでしょうか。でも敵対意思を確認した時は、もう手遅れです。

正当防衛規定は、交戦権のない自衛隊に無理やりに武器使用任務を与えるためにひねり出された法律上の理屈です。空論です。国会で通用しても戦場では通用しません。

隊員が護身のために発砲し、狙いが反れて市民を殺傷してしまったら、どうなるのでしょうか。業務上過失致死傷にあたるのでしょうか。宿営地に許可のない車が近づいてきたらどうすべきでしょうか。それが自動車爆弾の車両だったら、接近を許せばこちらが死にます。イラクではそのような車に発砲して運転手を殺したあと、調べても爆弾がないという事件が多発しました。単に道に迷っていたのです。

こういったケースについて、正当防衛と過剰防衛の線引きをどうつければよいのでしょう。誤認殺害の責任を誰がどのようにとるのでしょう。政府は議論を回避し、何も答えず、何の法的サポートもないまま、自衛隊に武器使用任務を与えることだけを決めました。このような無責任な決め方をされて困るのは、現場の指揮官、現場の隊員です。現場の判断で解決できるようなことではないから、このままでは自衛隊は武器使用任務を果たすことができません。

国連ブラヒミ報告（二〇〇〇年）はこう記しています。

「国連が平和を守るために軍隊を送る場合、彼らは残存する戦争勢力・暴力勢力に対し、これを打ち負かす能力と決意で立ち向かう用意がなければならない」

武器使用任務というのはこうしたものであることから目を背けてはなりません。一瞬のためらいが生死を分けるのが戦場です。非現実的な制約で命を脅かされるのは自衛隊員です。そのことを思うと、上滑りした官僚的な作文でごまかし続ける政府に対して強い憤りを禁じえません。

●政府は武器使用基準を公開せよ

前項で列挙したようなことがらについて、他国の軍隊は、交戦規定（ＲＯＥ）を順守していれば兵士を罪に問わないことにしています。自衛隊はどうなのでしょう。日本政府ははっきりしたことを言いません。仮に他国と同じようにするとして、交戦規定を守っていれば罪に問わないという国内法の裏付けはあるのでしょうか。

交戦規定のことを自衛隊は武器使用基準といいます。武器使用基準というと単なるマニュアルのような語感ですが、まったく違います。交戦規定とは、戦闘行動が軍の恣意に流れることを防ぎ、行動の限界を定めることにより、軍の行動を政治に従わせるための手段のひとつです。武力行使は政治力行使のひとつの形ですから、軍の武力行使は政治目的にしたがう必要があります。そうすることで敵対行動のエスカレートを抑止し、国が望まない事態の拡大を防ごうというのです。

「ROEとは、その範囲でなら軍部が自らの裁量で作戦上の決定を下してよいという枠組みを、政治家が承認する手段である」（サッチャー元英国首相）

「資格ある権限者によって発せられる指令であり、米軍部隊が、遭遇した他国の部隊に対して戦闘行動を開始および継続する状況と限界を規定するもの」（米陸軍『野戦法務ハンドブック』）

軍の行動が国の政治目的に従ったものかどうか、それを判断するのは軍ではなく政治の側なので、判断資料として武器使用基準が公開されなければなりません。それが民主主義国の原則です。以上のことは、自衛隊にも当てはまります。ところが日本政府は武器使用基準の公開を拒否しています。これは民主主義国としては異例のことです。

武器使用基準は防衛省の訓令です。つまり国会審議を経ないで、防衛省が一存で決めてしまうのです。役所の定める基準を立法府がチェックできないというのは、法治国家としてはあり得ないことです。自衛隊の基準がジュネーブ条約の交戦規程に違反していないか、それすら分からないのです。仮にも他国の人の命を奪おうかという話なのに、どういう場合ならそれが許されるのかという基準を国会と国民に示さないということがあるでしょうか。

●国民に支持されない戦闘行動は隊員を危険に晒す

武器使用基準が非公開では、国民にも自衛官にも不利益をもたらします。

武器使用基準が明らかでないのに、自衛隊員が法を順守しているのかどうか、国民はどうやって判断できるのでしょうか。仮に武器使用に及んで他国民を殺傷した場合、それが適切な行動だったと説明されても、適切かどうかの判断基準が示されないのでは国民はにわかにそれを信用することができません。

国民に支持されない戦闘行動は兵士の士気を著しく低下させます。ひいてはそれが部隊の能力を引き下げ、隊員の命を危険に晒すかもしれません。それがベトナム戦争などの教訓です。

また隊員の行動が不適切であると非難される場合があったら、武器使用基準に照らして正当であると釈明しなければなりませんが、武器使用基準が非公開だったらどのように釈明して名誉を保つのでしょうか。こういう問題は米軍で多発しているのです。

一例をあげると、ある砲兵部隊の指揮官が援護射撃をしなかったために、友軍の被害を大きくしたと非難される事件がありました。自衛隊が武器使用任務につけば、同じような問題が生起するでしょう。砲兵部隊長の場合は、米軍の交戦規程に砲撃は民家から五〇〇メートル以上近接してはならないという規定があり、これを守る限りは砲撃できなかったと理解されたので、彼に対する非難は止みました。武器使用基準が非公開の自衛隊員は、ゆえなき非難から、どのように自分を防衛すればよいのでしょうか。

●自衛隊員の安全に無関心な防衛省

このように日本政府のすることは何もかもがちぐはぐで、非常識で、非現実的で、無責任です。このような状態で命を賭した任務に赴かねばならない自衛隊は、まことに不幸であると言わざるを得ません。が、自衛隊の不幸はこれにとどまりません。想定したくないことですが、武器使用任務は自衛隊員に死傷者が出る可能性をはらみます。その対応が、自衛隊はじつにお粗末なのです。

専守防衛戦略にもとづく限り、自衛隊が想定する戦場は国内だけでした。負傷者が出た場合は民間医療機関に頼るというのが、ながらく方針となっていました。そのせいもあって、自衛隊のメディカル体制は信じがたいほど貧弱です。貧弱なまま、自衛隊は南スーダンに派遣されています。頼るべき病院もないのが南スーダンです。撃たれて負傷した隊員はどうなるのでしょうか。

自衛隊の救急救命体制の貧弱さについては、ジャーナリストの清谷信一氏の精力的な追及によって、徐々に周知されてきたと思います。ＰＫＯ隊員の個人携行救急キットには、受傷した場合に必要な薬剤や備品が入っておらず、衛生隊員も資格がないため満足な救命措置を施せません。

衛生教育も不十分です。二〇一五年、衛生部隊の日米共同訓練が実施された際、自衛隊衛生幹部があまりにも低レベルだったため、あきれた米軍将校が「やる気がないならやめろ」とボールペンを投げたという話も伝わっています。

今年（二〇一六年）五月の防衛省行政事業レビュー外部有識者会合の中で、自衛隊の衛生体制について、防衛省は有識者に対してつぎのように説明しています。

「○陸上自衛隊と米陸軍の個人携行救急品については、同等な部分はあるが、品目及び数量ともに少ない状況である。

○受傷直後に適切な処置を行い、救命率を向上させるためには、個人携行救急品の内容品を拡充する必要がある」

ようやく防衛省も隊員の安全に気を配るようになったのかと思ったら、これに続いてこう述べるのです。

「○例えば、個人携行救急品を全隊員分確保した場合、約一三億円が必要となるが、限られた予算においては現実的な金額ではない」

隊員の命を守ることにどれほど消極的なのか。命を守るための一三億円が支出できないとは恐れ入ります。防衛省の説明は直接的にはＰＫＯ隊員ではなく国内隊員についてのものですが、本質的には同じことでしょう。国内隊員の命は二の次にするが、ＰＫＯ隊員の安全には万全を期すなどということはあり得ません。こういうことだからＰＫＯ隊員の個人携行救急キットの中身が米軍など他国軍の半分以下しかないのです。こんな組織に命を預けている隊員が可哀想でなりません。

救急体制だけではありません。負傷を防ぐ措置も話になりません。防弾ジャケットは一昔前の仕様です。銃弾に弾かれた石ころなどで目を負傷しないためのゴーグルは他国軍では標準装備ですが、自衛隊は持っていません。隊員が個人的に自費で装備しようとすると、装飾禁止だといって外させるという非常識ぶりだそうです。

どこの国の話かと疑いたくなりますが、これが自衛隊の現実です。こうした現状で武器使用任務を与えようなど、正気の沙汰ではありません。憲法がどうのというレベルではなく、自衛隊員を犬死させたくなければ、武器使用任務など与えるべきではないとの結論しかあり得ないと思います。

●自衛隊は直ちに撤退すべきだ

南スーダンは深刻な人道的危機にあります。国際社会の一員として、市民を防護するために自衛隊はとどまるべきだという意見にはうなずける面があります。

しかしながら、これまで見てきたとおり、自衛隊には市民を防護する能力がありません。法的なサポートも不足しています。いかに人道的義務が重いといっても、できないことを引き受けるのは無責任だと思いますし、不可能を課せられる義務はないと思います。

それならば装備を整え、法律を整備し、訓練を施せばよいではないかという意見もあるでしょうが、それは今のことではありません。今は戻すべきだと思います。二〇一四年、治安の悪化を理由にオーストリア軍とフィリピン軍はゴラン高原ＰＫＯから撤退しています。自衛隊もそれ以前に撤退しました。もてる力以上の危険があるなら、撤退をためらう必要はないはずです。

そして軍事的対応が最善の方法なのかを、落ち着いてよく考えるべきだと思います。

今年九月、イスラエルの武器がウガンダを経由して南スーダンに流れていることが判明しました。イスラエルは国連決議に応じて南スーダンへの武器輸出を停止したはずなのに、偵察用の装備を例外にしていることも分かりました。こういうことをしているのはイスラエルだけではないでしょう。イスラエルの背信行為が明るみになったのは、日本が制定に尽力した国連武器貿易条約のおかげです。こうした国際的背信行為を止める役割も日本が担ってはどうでしょう。

また俳優のジョージ・クルーニー氏は、南スーダンの武器購入や政府有力者の汚職に先進国の金融機関、武器商人が手を貸していることを自ら立ち上げた調査団体が突き止めたと発表しました。欧米各国政府にその気があれば、自国の企業にこのような行為をやめさせるのは、内戦を止めることよりもたやすいはずです。この面に向けた取り組みはまだまだ弱いと思います。

日本は武力貢献よりもこのような非武力的貢献の方で実績を積んでおり、経験が長く、政治的影響力も大きい。それならば得意分野で貢献する方が、国際の責任を果たすことになるのではないでしょうか。

こういう理由で、自衛隊は直ちに帰国させるべきだと私は考えます。

国際協力NGOの立場から問題を捉える

谷山博史（日本国際ボランティアセンター代表）

日本国際ボランティアセンター（JVC）は現在、世界一一か国で活動しています。地域開発や人道支援、あるいは政策提言などの活動をしています。

●紛争現場では自分で安全を確保してきた

私自身は一九八六年からタイ・カンボジア国境の難民キャンプで活動を始めて、その後、ラオスで三年半、そしてUNTAC（国際連合カンボジア暫定統治機構）のPKOが派遣されていたカンボジアで、一九九二年から一九九四年まで活動していました。いったん東京に帰って事務局長をしておりましたが、9・11後のアフガニスタン戦争の後、自分で手を挙げてアフガニスタンに赴任しまして、東部のジャラーラーバードを拠点に四年半ほど活動をしていました。

こうして一二年間、現場を歩いてきたのですが、PKOや多国籍軍が展開しているところに赴任していることが多かったです。当然の話なんですが、NGOにとって紛争地での人道支援というのは、そもそもミッションですから、PKOが派遣されようがされまいが、自衛隊が派遣されようがされまいが、私たちはそこに行くんです。

私たちは、現場で外国軍に守ってもらおうと思ったことは、一度もありません。逆に、外国軍が近づいてきたら逃げる、あるいは外国軍とともに行動しないよう、細心の注意を払うことによって、自分たちの安全を確保してきました。徹底した情報管理、情報収集をしながら、特に地元の人たちに受け入れてもらうことによって、情報がつぶさに入り、危険なところには近づかないようにすると同時に、本当に危険な時には守ってもらうということでしか、私たちは自分を守る術がないと思ってやっていました。

●新安保法制のどこに反対するのか

そういう私たちが、集団的自衛権を認める二〇一四年の閣議決定の前から、新安保法制に危険を感じて、反対の声をずっと上げてきました。ＪＶＣ単独ではどうしようもないということで、現場の声を反映するため、他のＮＧＯの仲間と一緒に「ＮＧＯ非戦ネット」を二〇一五年七月二日に発足させました。

安保法制については、ボロ布のような法律だと思っています。こんな法律に則って自衛隊が紛争地に派遣されたら、いろいろな意味でたまったものではないということを強く感じています。

例えば、存立危機事態法制に関して言うと、何が存立危機事態なのかということ自体があまりにも曖昧です。国家安全保障会議で判断されるということですが、その根拠となる情報に私たちが触れることはできません。国会審議を聞いていると、何が存立危機事態なのかという議論のなかで、経済的な要因まで飛び出してきました。これでは日本の経済的な権益を守るために武力行使をするということになりかねません。

重要影響事態法や国際平和支援法で言われている外国軍に対する後方支援、またはＰＫＯ法と自衛隊法の改正で可能になった武器使用も大きな問題です。これはそもそも紛争地における外国軍への後方支援であり、任務遂行のため武装勢力に対して行われる武器使用ですから、現場の観点からすると、武力行使そのもの、あるいは武力行使との一体化以外の何物でもないわけです。それはある意味で、憲法違反でもありましょうし、それ以上に現場で紛争当事者になるということを現実のリアリティとして、私たちは本当に考えないといけないと思っています。そのようなところに自衛隊を行かせたくないということです。

●南スーダンと国境を接したスーダンの州で起きた内戦で

私たちは、南スーダン独立前、スーダン共和国に二〇〇五年の包括的和平協定の後に入りました。はじめてスーダン南部（独立後の南スーダン）に入ったのは二〇〇七年からです。二〇一〇年まで「自動車整備学校」を開設して、帰還難民などに対する職業訓練を行ってきました。スーダンの北部（独立後のスーダン）には二〇一〇年に入り、農村部で平和構築の活動をしていました。

二〇〇五年の包括的和平協定にもかかわらず、二〇一一年の南スーダン独立の前後に、現在では南スーダンと境界を接するスーダンの南コルドファン州で内戦が勃発しました。私たちは南コルドファン州で活動しており、州都であるカードゥクリに事務所も置いていました。そこで突如、内戦が勃発して、事務所にいた駐在代表の今井高樹は孤立することになります。

紛争が始まった時に、今井は国連に自分の所在を何回も電話で伝えていますから、当然、紛争に今井が巻き込まれて孤立しているという情報はＰＫＯにも伝わっていました。その時の状況を今井が次のように伝えています。

「私が緊急退避を行った際の状況は、政府軍と反政府軍とがともに民兵を動員し、正規兵・非正規兵の区別が曖昧ななかで戦闘が行われていました。明確な指揮系統はなく、市内では戦闘と同時に、『兵士』が商店や住宅に押し入り、『敵兵』を探索しながら、破壊や略奪行為が行われていました。誰が破壊・略奪をしているかもよく分からないまま、危険はＮＧＯや国連の施設にまで迫っていました。平和維持軍（ＰＫＯ）は戦闘に巻き込まれることを恐れ、部隊の派遣を躊躇したのです」

●国連の非武装の民生機関に助けられた

こういう混乱したなかですから、外国軍であるＰＫＯが、住民であれ外国人であれ、武装して駆け付けて助けようとしたら紛争に巻き込まれてしまいます。事務所で孤立した今井は、夜間に一〇名以上の兵士に事務所に押し入られて、しばらく拘束された状態になりました。その間に私たちの事務所の物品や金銭は全て略奪されました。その時にＰＫＯが突入していたら、今井の命があったかどうか分かりません。

私たちはこういう時、どういう対応をしたらいいかという訓練をしていまして、その訓練の通り、今井も拘束されながら相手を刺激しないよう息を潜めていました。そのうち兵士たちは去っていきました。最終的に今井を助けに来たのは国連の非武装の民生機関の車両でした。ＰＫＯが助けに来てくれた訳ではありません。武装勢力が政府軍なのか反政府軍なのか、どちらかの民兵なのか、兵士を装った物盗りなのか見極めることも難しいのです。

一方、最近の紛争というのは、アフガン戦争、イラク戦争、リビアでの戦争もそうですが、対テロ戦争という性格がとても強くなってきています。そして対テロ戦争は、「住民のなかで戦う戦争」です。したがって、外国軍にとっては前線も後方もない、どこから狙われるか分からない「テロリスト」に対して撃ち返したら住民を巻き込むという、そういう性格の戦争です。

●南スーダンの内戦の現状

私たちは現在、南スーダンでは、イーダ難民キャンプというところで活動をしています。南スーダンの内紛、内戦は、二〇一三年半ばの大統領派と反大統領派の対立から始まって、大統領、副大統領それぞれの出身部族が政治的な闘争に巻き込まれる形で、部族間の抗争に発展したという構図になっています。

現在も一六六万人の国内避難民が特に北部、東北部に大量に発生しています。難民も六四万人が国外に逃げているという大変な状態になっています。政権のなかでの闘争が民族間の闘争に発展して、住民同士が殺しあうという状況になってしまったわけです。

二〇一五年八月、南スーダン政府側と反政府勢力側が和平合意に達しました。しかし実際には、アッパーナイル州、ユニティ州、北部あるいは東北部の地域での戦闘は収まっていませんでした。今年（二〇一六年）七月には首都ジュバでの大規模な衝突も起こりました。停戦合意が崩れたのです。自衛隊のＰＫＯ派遣の原則（ＰＫＯ派遣五原則）が満たされない状態になったのです。

南スーダンでは現在、民族間の対立、紛争が起きているだけではなく、国連ＰＫＯに対する攻撃も頻繁に発生しています。ＰＫＯの車列が攻撃されたり、河川航行中のＰＫＯの船舶が拘束されるということもありました。

これまでの紛争を見ている限り、ＰＫＯが「駆けつけ警護」のような任務を遂行した例というのは見当たりません。誰かを警護するような事態が発生したら、多くの場合、司令官は武装勢力と交渉することによって解決しています。いろいろなことに対応できるように、武装勢力側、政府軍側の双方に対して、信頼関係をつくれるということが司令官に求められる任務だと言われてきました。

●ソマリアの大失敗が再現される危険もある

ＰＫＯそのものは平和的な解決を目指して派遣されます。紛争当事者の合意があって派遣されるのが伝統的なＰＫＯでした。ところが、現在のＰＫＯは、強制措置を定めた国連憲章の第七章に基づいて、和平合意がなくても派遣するという性格が強くなってきています。

南スーダンのＰＫＯ（ＵＮＭＩＳＳ）の任務も二〇一五年一〇月に変更され、国連憲章第七章に基づいての派遣であると明確にされました。南スーダンの状態が地域の安全や国際平和への脅威であると認定した上での派遣に変わっています。それなのに日本の自衛隊派遣も継続されているという状態なのです。

現在の南スーダンのことを考えると、政府側から国連あるいはＰＫＯに対する攻撃があるということも想定され、そうなると場合によっては国連が南スーダン政府を処罰するということになりかねません。これはソマリアのケースの再現です。第二次国際連合ソマリア活動（ＵＮＯＳＯＭⅡ）は一九九三年、ＰＫＯでありながら、平和執行と称して武力を用いてでも平和をつくるという方針に転換しました。その結果、アイディード将軍派から攻撃されてパキスタン兵が殺され、国連も「あらゆる措置をとる」としてエスカレートしていきました。その結果、ＰＫＯは大失敗に終わります。

ＰＫＯがどんな措置でもするとなると、このようにどんどんエスカレートしていくわけです。そういう危険な状態の今、そこに自衛隊が「駆けつけ警護」のために行くというのは再考されなければいけません。

●日本政府の議論は机上の空論

これらの状況をふまえ、南スーダンで「駆けつけ警護」ということをもし考えるとすれば、次のようなことが言えると思います。

国際連合スーダン派遣団（ＵＮＭＩＳ：United Nations Mission in Sudan）でも、国際連合南スーダン派遣団（ＵＮＭＩＳＳ：United Nations Mission in the Republic of South Sudan）でも、「駆けつけ警護」はしませんでした。それなのに、これからするのでしょうか？

「駆けつけ警護」は、対立が紛争になってしまった段階で抑え込む鎮圧ですから、交戦に発展する可能性があります。そして、武装勢力に対して武器を使う場合、武装勢力が政府軍なのか、反政府軍なのか分からないケースがままあります。

武装勢力が政府軍だった場合、これは完全に憲法違反です。国家に対して日本が武力を行使するわけですから、紛争解決において武力行使をしないという憲法の規定に反することになります。だから日本政府は、駆け付け警護で武器を使用する場合、相手が紛争当事者ではない場合に限ると言っているわけです。法律に書いてある「国及び国に準ずる組織」でない場合は、武力を行使しても憲法違反ではないと言っています。

これは机上の空論です。現場では何の意味もありません。

紛争当事者を武器を使って鎮圧をすれば、自衛隊そのものが紛争当事者になり、狙われ、それに対してまた反撃をするという循環に陥っていきます。今の南スーダンは紛争状態です。そもそもそういう状態の国に、自衛隊が派遣されていることそのものが問題なのです。これは二〇一三年、和平協定が破綻した段階で議論をしていなければいけなかったのですが、国会で議論されることなく、ここまで来てしまいました。

●軍隊を派遣しないからできる仲介の平和外交

こうした状況下で日本は何をやるべきなのか、自衛隊には何か役割があるのか。自衛隊のことはよく考えたいと思いますが、まず、自衛隊を派遣しなくてもできる日本の国際貢献というのはたくさんあることを知ってほしいと思います。

例えば、和平交渉の仲介などの平和外交です。これには政治的な意志が必要ですから、アメリカをどう説得するかということも含めてになります。

一例を述べると、アフガニスタンでは、「この泥沼になった戦争で、和平交渉を仲介できるのは日本だけだ」とよく言われます。なぜかというと、軍隊を派遣していないからです。中立だからです。

アフガニスタンにタリバン政権崩壊後に派遣された国際治安支援部隊（ＩＳＡＦ）は、国連の安保理決議一三八六号に基づいて新しい国づくりを支援するための治安支援のための部隊でしたから、きちんと国際法に則って派遣されている部隊ではありました。一応、二〇〇一年一一月にドイツのボンで国際会議が開かれ、その後のアフガニスタンの国づくりが合意されたわけです（ボン合意）。

しかし、アフガニスタン国内では、紛争当事者の和平協定はどこにもない状態でした。国際治安支援部隊が派遣されている時も、戦争は行われていたわけです。つまりアフガニスタンは紛争地だったのです。国際法に則った国際治安支援部隊すら米軍の対テロ部隊と混同され――実際に二〇〇六年には統合されましたが――、武装勢力からも住民からも一緒くたのように見られて、攻撃の対象になっていくわけです。多くの国際治安支援部隊の隊員が殺されています。そして、住民を傷つけざるを得ない状況に追い込まれて、最後には疲れ切って撤退したのです。

●軍隊を派遣する国の民生支援は信頼されない

そういう状況下で、日本政府にはいろんな要請があったけれども、憲法があるから自衛隊は派遣できませんと断り続けてきました。もし断らなかったら、日本の自衛隊も戦闘の泥沼に巻き込まれた可能性があります。私は、アフガニスタン戦争そのものに問題があったと考えていますので、インド洋での後方支援は間違っていたと思っていますが、アフガニスタンに自衛隊を派遣しなかったことは、すばらしい判断でした。

そういう立場は憲法があるからできた日本の強みなのです。どうしてこういう外交を活かさないんでしょうか？

アフガンの人たちからは、「日本の民生支援だけが本当の民生支援、アフガニスタンのことを思った支援だ。日本は信じられる」という評価をどこでも聞きます。なぜかといえば、これも日本が軍隊を派遣していないからです。軍隊を派遣している国の支援というのは、政治的、軍事的思惑があるとアフガンの人たちは思っているのです。誤爆等によって傷つけられた人がたくさんいて――もちろん武装勢力による攻撃で亡くなった人もいますが、外国軍によって殺されるのと、武装勢力によって殺されるのは、受け止め方が少し違います――、日本に対しての信頼が格段に高くなるのです。

●争奪戦の時代に暮らしと経済のあり方を変える

私は中東、アフリカなどで活動しているということもあるからでしょうが、これからの世界はますます紛争や戦争が頻発する時代になるとしか見えません。なぜかというと、資源の枯渇が進むなかで、エネルギーや土地、水、森林や鉱物資源などの争奪戦が新興国も加わりながら、凄まじい勢いで進んでいるからです。そのなかで、私たちは今でも「経済成長、経済成長」と言って、争奪戦を激化させています。

ＴＰＰが署名されましたが、日本の農業がダメになっても、海外に日本の食糧基地をつくればいいんだという話になっています。その流れのなかで、アフリカのモザンビークなどでは、大規模農業開発が進んでいます。しかし、そういう状況下で農民が反発して食糧が確保できないとなった時、反政府武装勢力などが絡んでくると、「農民がテロリストの運動と結びついている」と言って、モザンビーク政府が弾圧するかもしれません。その時に、日本の食糧基地を守るために自衛隊はなにもしなくていいのか、というふうになっていくかもしれません。テロ対策であれば、治安支援という名目で自衛隊を派遣することも可能です。それは本当にまずいと思います。

この状況を打開するためには、一つは、大きな方向としては、暮らしのあり方と経済のあり方、幸せのあり方を私たちから変えていかなければなりません。海外に資源を依存するどころか、経済成長のために他国と競って資源を収奪する、場合によってはそのため軍事的なプレゼンスも確保するというやり方ではいけません。国内や地域の自給率を高め、必要な海外の資源を確保するために平和外交を貫く必要があります。途上国の人たちも、私たちと同じような生活をどんどん求めてきます。もう狂熱の世界です。このままでは地球は持ちません。今ちょうど転換点にあると思います。

●「テロリスト」という言葉を使わない

同時に、この転換点にあって、軍事が問題解決の優先事項になるのは思考の怠慢です。テロの脅威というだけで、軍事だ軍事だと、みんながすっ飛んでしまうことが一番怖いことだと思います。

対テロ戦争は普通の戦争とは違います。敵がどこにいるか分からないような状態のなかで、外国軍が入って行って、鎮圧するという状態になっていますので、ちょっとやそっとで終わる戦争ではない。場合によってはずっと終わらない戦争です。交渉もできません。相手がテロリストであったら交渉はしないというのが対テロ戦争です。

今、「対テロだ」ということが、なんでもしていいことの合言葉のようになっています。しかし、「テロリスト」が誰なのかも分からないのに、「テロリスト」に対しては何をしてもいいというような認識でやられる戦争は相当に危険です。「テロ」も対テロ戦争も、対話を否定し、無差別に殺し、社会の分断を作り出すという点で同じなのです。お互いが依存し合っているという点では共犯関係にあります。だから、私は「テロ」にも対テロ戦争にも反対し、「テロリスト」という言葉を使わない運動をしたいと思います。

III

南シナ海

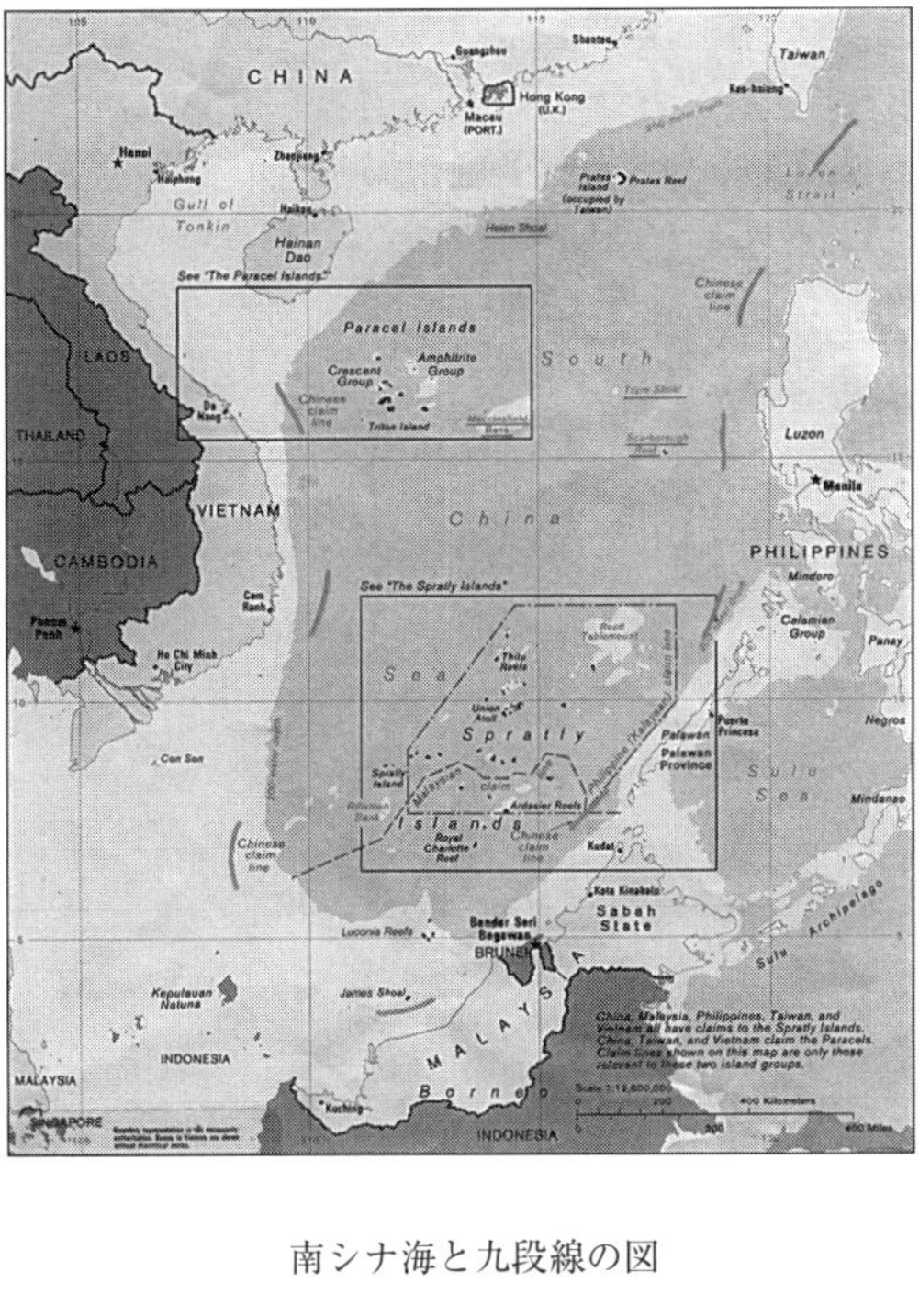

南シナ海と九段線の図

安全保障の観点から問題を捉える

加藤朗（桜美林大学教授）

●「国民国家のふりをしている文明」

かつてルシアン・パイというアメリカの中国研究者が、中国を「国民国家のふりをしている文明」と評したことがあります。パイの指摘する通り、現在の中国はまさに「国民国家のふりをしている文明」に他なりません。ちなみにローマ帝国、ペルシア帝国をはじめとして文明が政治共同体になった時に帝国という国家になります。ローマ帝国と同じように歴代中国も帝国です。つまり現在の中国は国民国家のふりをしている帝国なのです。

国民国家という概念と、帝国という概念は、同じ「国」という漢字が使われているために同じ国家と思われるかもしれません。しかし、両者は、全く違う概念です。国民国家というのは、一二世紀の北イタリアの都市国家に起源をもち一七世紀半ばに西洋で確立した国家の形態です。その最大の特徴は主権にあります。主権というのは国家の至高の権利です。主権が国民にあるか、君主にあるか、あるいは神にあるかによって国家は共和制国家、君主国家、宗教国家等様々な形態をとります。

重要なのは、主権が成立するには、主権の境界が必要となることです。なぜなら、至高の権利が及ぶ範囲が確定されない限り、至高性を確定できないからです。範囲が限定されてこそ至高と呼べ、主権の境界こそが線で区切られた国境です。つまり近代の主権国民国家には国境が必要なのです。

他方、帝国には主権という概念はありません。したがって国境はない。あるのは辺境と呼ばれる面の境界です。中央の統治力が次第に弱まり、最終的には支配が及ばなくなる地域が辺境です。したがって統治力が強まれば帝国の領域は拡大し、弱まれば縮小します。ローマ帝国の歴史地図を見ればわかりますが、時代によって統治者の支配力に差があり、その領域が拡大したり縮小し、最終的には滅亡してしまったのです。

●中国にとって国恥の一〇〇年の始まり

現在の国際社会は、一六四八年に数か国の西洋の主権国家によって構成されたいわゆる西洋国際体系が起源となっています。この西洋国際体系は、主権の平等、国際法の遵守、力の均衡という三つの原則からなります。国家は平等であり、国家は相互に国際法を守り、力の均衡によって国際社会の安定を図るのです。西洋国際体系は、産業革命で国力を増大した西洋諸国家が全世界を植民地化する過程で、アジア、中東など非西洋文明を併呑していきました。そして今では世界中が西洋国際体系に覆われてしまったのです。

中国も日本も例外ではありません。西洋国際体系に併呑される以前、東アジアには明、清など歴代中華帝国を中心とする、冊封・朝貢に基づく華夷秩序という階層的な国際秩序がありました。日本は開国して、奇跡的に西洋諸国の植民地化をまぬかれました。その後脱亜入欧の掛け声とともに西洋国際体系の三原則に従い、西洋国際社会に同化していきます。そして日清戦争で、西洋国際体系の一国家として日本は日清戦争で中国の華夷秩序を打ち破り、中国に代わって東アジアの覇権を握ったのです。中国にとって国恥の一〇〇年の始まりでした。

現在アメリカで教鞭を取っているワン・ジョンという中国の学者が著書『中国の歴史認識はどう作られたのか』(東洋経済新報社)で、「多くの中国人にとって、恥辱の一世紀の最大の屈辱は日本——かつての中国の朝貢国であり従属国——、に対する敗戦だ」と記しています。日本人は中国の朝貢国であったり従属国であった覚えはありません。しかし、我々の対中認識と、彼らの対日認識との間に大きなギャップがあることが、ワン・ジョンの一文から見て取れます。反日意識こそ、中国のナショナリズムの核となっているのです。

現在習近平体制は、国力の増大とともにますます漢民族ナショナリズムを鼓吹するようになりました。ナショナリズムの概念は、国民国家の概念であり帝国には民族の概念はありません。国民国家ができてはじめてナショナリズムという国家を統一するための民族概念が生まれたのです。現在の中国の漢民族ナショナリズムは、国民国家のナショナリズムを装いながら中華帝国の華夷思想に根差した中国のアイデンティティであり、この漢民族ナショナリズムをある意味で深く裏から支えているのが反日ナショナリズムなのです。

●中国の主張は国際法では認められないが

こうした中国の華夷思想を最もよく反映しているのが、南シナ海問題です。

一九三九年当時の中華民国が、中国の支配がどのように歴史的に変化してきたかを示す地図を発行しました。そこにはまるでローマ帝国の歴史地図と同じように中国の支配の跡が記されています。地図には「中華國恥圖」と表記されており、中国にとっては外部勢力に侵略された「恥」の図として描かれています。当時、中国が領土と認識していた太い線に囲まれた地域には南シナ海は全域が含まれており、さらに尖閣はもちろん琉球列島は全部中国領になっています。公式にはともかく、現在の中国の人々は心情的に「中華國恥圖」に太線で描かれた領土を中国領土とみなしているのではないでしょうか。

九段線議論は、結局帝国概念に基づいていて、とにかく歴史が優先します。一方、二〇一六年七月にハーグの仲裁裁判所が中国の南シナ海に対する領有の主張をことごとく退けたように、それは現在の国際法では認められません。中国の領海の概念や島嶼の帰属の概念は、あくまでも帝国概念の延長線上にあり、なぜそれが中国の領域、領海なのかということについては、歴史が優先するということです。それはまるで現在のイタリアがローマ帝国による歴史的支配を持ち出して、地中海全域をイタリアの領海と主張するようなものです。

南シナ海の領有の根拠について中国側が主張しているのは、一つは島嶼に関する議論です。九段線というのは島が帰属しているという意味でのラインであり、九段線の内側海域に所在する島嶼は中国に帰属するという理屈です。これは「伝統的疆（境）界線概念」と「歴史的権原《けんげん》による凝固」が根拠になっています。「歴史的権原による凝固」というのは、歴史的にずっとそこで何らかの支配がされていることが明らかであれば、その段階で領有が固まってしまう、領有が認められるという議論です。

●国際法を遵守するという原則を見直せということ

もう一つが、海域に関する議論として、海疆（海の境界）としての九段線ということです。九段線の内側海域は「海防」、そこは中国が管轄しているという、管轄の概念に基づく「歴史的水域」、つまり内水であり中国に帰属するという概念です。この論理は尖閣でも使われています。なぜ尖閣が中国側の島なのか、それは元々は尖閣まで中国側が「海防」の範囲として管轄していたのであり、その根拠は様々な歴史的文書に書かれているという主張です。つまり、国際法の議論に基づいているわけではありません。

中国の研究者李国強は、「海洋法条約以外の根拠により『中国が主権には至らない優先的な権利を行使出来る海域』の限界を示す線」が九段線であると主張しています。「『九段線』は長期にわたって存在し、中国人民の頭に染み込んでいる。この線を無視して南シナ海問題を議論することは中国人民にとって受け入れられない。…要するに、歴史的な感情を考慮する限り、中国人は現代国際法を用いて『九段線』を解釈することを受け入れないが、他方で現代国際法は歴史的な経緯のあるこの線を適切に説明することができない」（李国強「中国と周辺国家の海上国境問題」『境界研究』№1（二〇一〇））ということです。

中国にとって現在の国際法は無効であることを専門家が正直に主張しており、極めて興味深いものです。南シナ海に対する中国政府の主張も基本的には、上記の主張と変わるところはありません。要するに南シナ海問題の本質は、西洋国際体系の三原則の一つ国際法の遵守を見直せということに他ならないのです。

もう一つ、九段線の戦略的イメージということで、佐藤考一桜美林大学教授は、やはり同じ学術誌で、中国にとっての九段線のイメージは「戦略的辺疆」、戦略的な辺境に当たると書いています。同時に、ここは「柔らかい国境線」というイメージ、さらに「中国の国境の南端を示す、南に引かれた万里の長城」であるというイメージです。

●アメリカの「航行の自由作戦」の意味

一方アメリカは中国の南シナ海に対する主張を否定するかのように、「航行の自由作戦＝FON Operation（Freedom of Navigation Operation）」を行っています。ただし「航行の自由作戦」そのものは、一九七九年に始められた、あくまでも航行の自由を守るためのアメリカの政策の一環であり、南シナ海問題が起きたからはじめられた作戦ではありません。

アメリカ国務省のホームページの説明によれば「航行の自由作戦」は、最初に①外交…外交的に抗議をする。次に、②軍事…海空部隊によって示威行動を起こす。その後、③二国間なり多国間で協議をするとされています。今のところ、①、②ぐらいの「航行の自由作戦」が行なわれているだけのことです。「航行の自由作戦」の意味というのは航行の自由を守る作戦であって、決して領土問題への対処ではない。

もう一つ「航行の自由作戦」の意味は、南シナ海の軍事化への直接的な対抗では無いということです。アメリカからは、中国の軍事化、軍事基地化に断固反対という声はあまり聞こえてきません。あくまでもアメリカにとってこの問題は航行の自由の問題であって、軍事よりも法の問題ということです。ましてアメリカは、南シナ海を軍事衝突の場とすることは考えていないでしょう。今後もアメリカは領海であれ領空であれ、とにかく航行の自由を守るという意思表示はずっとしていくでしょう。ただそれが、日本が期待しているように、中国に対する軍事的なメッセージと考えるのは、アメリカに期待しすぎではないでしょうか。

●対中同盟か中国の取り込みか

日本にとって南シナ海はどういう意味を持つのでしょうか。中国の側からすると論理的には歴史を根拠とする領有権の主張であり、それは尖閣問題に直ちに波及する可能性があります。ましてや「中華國恥圖」で描かれたように、南シナ海から琉球までが中国の領土であり、当然その中には尖閣も含まれます。

日米関係としての南シナ海問題は、あくまでも航行の自由という問題であり、米中覇権闘争において果たして対中国の封じ込めという形でアメリカと協力出来るのかということは、いささか疑問に思われます。アメリカが航行の自由をめぐって言っているのは、あくまでも宇宙、サイバー空間、そして海洋のようなグローバル・コモンズの問題です。即ち、世界的な公共財を守るという視点で南シナ海問題が扱われているのです。アメリカはこのグローバル・コモンズとして南シナ海を守ると言っています。同様に、尖閣もグローバル・コモンズの問題としてアメリカが守ってくれるのか、あるいは領土問題には関与しないといって、直接的には守ってくれないのか、判然としません。

それから、アメリカを中心としてフィリピン、ベトナム、オーストラリアそして日本の対中同盟としての南シナ海問題について、アメリカが本当に対中同盟として南シナ海問題を認識しているのでしょうか。ここで日米の間で認識のズレが出てくると大きな問題になります。中国を覇権挑戦国として敵視する対中同盟を形成するのか、あるいは中国を脅威とするのではなく、中国も取り込み関係国すべてがグローバル・コモンズを守るという協調的な安全保障にするのか。その認識の差が、南シナ海の安全保障の問題を大きく左右していくと思われます。

●「朝海の悪夢」が再現するのか

最後に、日本の戦略について触れておきます。

米中関係の将来というのは、日本の将来を大きく左右します。つまり、中国の軍事・経済大国化とアメリカの相対的衰退化です。これはあくまでも相対的な衰退です。終戦直後には世界のＧＤＰの五〇％をアメリカが持っていました。以後ずっとパーセンテージは落ちています。それを考えるとアメリカは戦後一貫してずっと衰退していることになります。問題は、アメリカの相対的衰退化というよりも、逆に中国の相対的な国力の増大にあります。

国際政治学では覇権の交代期には戦争が起こるというのが歴史の常と考えられています。しかし、日本にとって最悪のケースは米中野合つまり米中共同覇権です。お互いにもう戦争はできないし、しない。核兵器を持っている同士は戦争はできないがゆえに、お互いに協力しあう米中野合の関係――同盟関係ではない――が生まれ、米中が国益に基づいて協力しあうという状況が生まれた時、つまりは第二のニクソン・ショックが起こった時が日本にとって最悪の事態でしょう。

一九七一年七月に突然ニクソンが訪中を発表しました。佐藤栄作首相には発表の五分前に電話連絡があっただけで、政府は吃驚仰天したとされます。外務省でいわれる、ある日突然米中が結託するいわゆる「朝海《あさかい》の悪夢」が現実になった瞬間でした。朝海というのは戦後まもなくワシントンに駐在した駐米日本大使の名前ですが、この人は昔から、ある朝起きたら突然、アメリカと中国が手を結んでいた、これこそが日本にとっての最大の脅威だと外務省内で語っていたそうです。これを「朝海の悪夢」と呼んでいたのです。その「朝海の悪夢」が現実になったのです。

これには、同盟というのは信頼を裏切ることもある、国には友情はない、その程度の関係なのだという意味合いがあります。もう一つは当時の沖縄と繊維産業（縄と糸）との交換で、佐藤栄作首相が日米間の懸案であった繊維製品の対米輸出の削減をなかなかしなかったために、ニクソン大統領が意趣返しをしたんだという見方もあります。

二〇一三年六月に習近平国家主席がカリフォルニアに行きオバマ大統領と会談しました。それこそ、筋金入りの親米派で元駐タイ大使岡崎久彦氏のような人まで、第二の「朝海の悪夢」になるのではないかと危惧しました。万一そんなことになれば、日本はアメリカと中国の間に挟まって、もう二進も三進もいかなくなる。そうなれば、日米同盟は破綻する。そうならないように、日本は米中関係をコントロールすることが日本の戦略として重要ではないでしょうか。つまり、米中を野合させないけれども、対立もさせないという微妙なバランスを、日本の外交がどのようにとっていけるかということが重要です。

一方、日米同盟の抱き込み戦略つまり尖閣問題が起こったら、とにかくアメリカを抱き込むという状況を作ることで中国を抑止することが、安倍ドクトリンの戦略の一つです。

他方、日本は米軍に過度に巻き込まれないようにする戦略も取らなければなりません。南シナ海に米軍が自衛隊の派遣を要請しても、断るべきです。それでなくても日本の本土防衛に艦艇も飛行機も足らない時に、南シナ海にまで派遣する余裕は今の自衛隊にはありません。

ちなみに、安倍内閣は、南シナ海も含めたアジアに対してどのような戦略をとろうとしているのでしょうか。二〇一二年一二月に安倍内閣は、「デモクラティック・セキュリティ・ダイヤモンド」構想を打ち上げ、インド、オーストラリア、アメリカ（ハワイ）、日本を結ぶダイヤモンド形を形成して、その地域の平和と安定を守っていくと宣言しました。安倍政権は南シナ海問題をこの構想の一環として考えているのではないでしょうか。

●日本は中級国家としての戦略を考えるべきだ

南シナ海問題も含め、日本は平和大国戦略の復活を目指せというのが一貫した私の主張です。私が懸念しているのは多くの日本人が、日本は依然としてアジアの大国であるという過去の幻想にとり憑かれているのではないかということです。おそらく安倍さんの夢も、日本がもう一度アジアの大国になることでしょう。アジアの大国になるというのは岸信介さんの夢でした。

しかし、私たちの国は、もう二度と経済大国にも技術大国にもなれません。これからずっと中国の後塵を拝していくことだけは確実です。中国が内乱のような状況にでもならない限り、経済力で日本が中国を追い越すのはほぼ不可能です。二〇一五年の名目ＧＤＰは中国が一一兆ドル、日本が四兆ドルと、二・五倍以上の開きがあります。また技術大国になれないというのは、技術力を支えるコンピュータの数を比較すれば一目瞭然です。現在日本にあるスーパーコンピューターは約四〇台。中国は一〇〇台を超えています。アメリカは二〇〇台です。中国はこれからもスーパーコンピューターを増やし続けるが、日本には中国に追いつくほどの経済的余力はない。いずれにせよ将来日本が経済力や技術力で中国を抜く日は来ないだろうと思います。

経済大国として日本が中国を抜く日は多分もうないという覚悟を決めたら、私たちの国は大国ではなく、中級国家としての戦略をめざす以外に方策はありません。みんなにその覚悟があるかどうかが今問われています。

●憲法九条に基づく平和大国になるしかない

軍事大国にはもちろんなれない、経済大国にも技術大国にもなれない、残ったものは一体なんだろうかと考えた時、ソフトパワーとしての平和大国のイメージしか浮かびません。日本が中国に勝ることが出来ると考える時も、その方策はたった一つしかありません。世界正義――この場合、憲法の平和主義です――に基づく平和大国への再興、復活を世界にアピールすることです。それ以外に、日本が中国に対して影響力、政治的優位、あるいは倫理的優位といったものを維持し、そして取り返すことはできないでしょう。

私は非武装でこの国を守れと言っているわけではありません。自衛隊を活かす会は、非武装を主張しているわけではない。ただ少なくとも自衛隊を海外に出すなと主張しているだけです。私たちの国は大国として世界に飛躍していく力はもうないということを、みんなが認識しなければいけないのです。

その上で、日本の戦略を考えた時、軍事力を強化するのではなく、ソフトパワーとしての憲法の平和主義を世界にアピールしていくことが大事です。例えばカナダがＰＫＯで世界に貢献する、ノルウェーやスウェーデンは平和を調停するという形で世界に貢献しています。そういう生き方以外に日本が生き延びる道はないというのが私の主張であり、その時に憲法の平和主義というのが役に立つし、役に立つように努力すべきだと考えています。

自衛隊は警戒監視に関与すべきである

太田文雄（元海将・情報本部長）

南シナ海の警戒監視をどうするかという問題は、非常にタイムリーなトピックだと思います。日本と自衛隊がどう関与するかが問われています。

●オーストラリアはどう見ているか

日本だけの問題ではありません。周辺のどの国にとっても大きな問題です。

たとえばオーストラリアです。「シドニー・モーニング・ヘラルド」の二〇一五年一二月一九日の報道では、オーストラリア空軍のP‐3が監視活動で入ったと報じています。オーストラリアのペイン国防大臣は、南シナ海での哨戒飛行を停止する予定はないということを言っています。このペイン国防大臣は、かつてアメリカのCSIS（Center for Strategic and International Studies：戦略国際問題研究所）のシンポジウムで、南シナ海にはオーストラリアの国益が存在しているということを表明しています。

なぜなのか。中国が最近開発した弾道ミサイルのDF‐26は射程約三五〇〇㎞で、中国政府の公式発表によれば通常弾頭のみならず核も搭載可能で、陸上目標だけでなく海上の中・大型目標を狙うことができます。これを中国本土に置いた場合にはオーストラリアを射程に収めることはできませんが、中国が造成している南シナ海の人工島に配備すれば、オーストラリアにも到達できるのです。

オーストラリアは、日本のことにも注目しています。二〇一五年一二月一七日の「ジャパンタイムズ」は、オーストラリアが監視飛行を南シナ海でやったという報道のなかで「move could focus attention on Japan」（日本に焦点があたっている）と報道しています。

では、その日本はどうでしょうか。日本にとって南シナ海は、オーストラリア以上の国益があると思います。

一つは我が国の重要な海上交通路だということです。中東から運ばれる油やエネルギーの約八割がこの南シナ海を通ってきます。そこに中国が、今つくっている人工島群と、まだ人工島にはなっていませんが、中国がフィリピンから奪ったスカボロー礁があります。

そういった背景から、オーストラリアでは、日本はアメリカが行う南シナ海における「航行の自由作戦（Freedom Of Navigation OPerations: FONOPs）に参加するのか」というレポートが出ています。二〇一五年一〇月下旬には「なぜ日本は南シナ海に巻き込まれるということに対して拒否するのか」という報道も出ています。

●新安保法制で日本は何をできるようになったのか

本題に入ります。南シナ海における自衛隊の役割の問題です。

二〇一五年九月に成立した新安保法制以前でも、南シナ海のサーベイランス（surveillance：監視）

を行うことは可能でした。防衛省設置法の第四条一八項に基づく調査研究という項目で可能だったのです。現に、二〇一五年六月にはフィリピンのパラワン島周辺で、海上自衛隊のP−3がフィリピンと共同訓練をやっています。

それでは新安保法制で何が可能になったのか。これを平時、重要事態、そして存立危機事態の三つに分けて考えてみたいと思います。

平時における米軍等の部隊の武器等防護のための武器使用が可能となりました。これは自衛隊法第九五条になります。ただし、この米軍等の部隊に関しては「(共同訓練を含み)我が国の防衛に従事している」という条件が必要です。

二番目の重要事態。これはかつての周辺事態法に於ける周辺事態です。これに関しては米軍等に対する後方支援が出来るようになりました。この行使の条件として「放置しておくと我が国の安全保障に及ぶ」という条件が必要です。それをどのように解釈するかという問題になります。

最後に、存立危機事態に関しての防衛出動。これは、いわゆる新三要件「我が国の存立が脅かされ、国民の生命自由及び幸福追求の権利が根底から覆される明白な危険があること」が必要とされます。この存立危機事態を使い、防衛出動で南シナ海での航行の自由作戦に参加するということは、非常にハードルが高いのではないかと思っています。

さて、重要事態の「放置すると我が国に及ぶ」ということをどのように解釈するか。一つには、重要な海上交通路が通っている付近の人工島に戦闘機や軍艦が配備されると我が国の海上交通路が脅かされて、我が国の安全保障に影響を与えるという解釈があろうかと思います。

●柔らかく話すが、大きな棍棒を持って

南シナ海をめぐる米中関係はどのようになっているのか。アメリカが南シナ海で行った「航行の自由作戦」（フリーダム・オブ・ナビゲーション・オペレーションズ）について、敵地攻撃能力にはそれほど長けていないイージス艦ラッセン一隻が通って行ったということから、抑制的だという見方があります。

今回のイージス艦の航行が抑制的だったというのはその通りでしょう。私はあの作戦のあと、ラッセン艦長の話を聞いたことがあります。後ろに中国海軍の艦がピタッとついていて、国際ＶＨＦチャンネルでコミュニケーションしたそうです。中国艦が「お前、何をやっているのだ」と聞いてくるのですが、ちょうど一〇月の下旬でしたから、ラッセンは「ハロウィンの準備で、今、ピザとチキンウイングをつくっているよ」みたいな会話をやったそうです。そうしたら、中国の軍艦の艦長が「私はアメリカのどこどこに行ったことがあって、家族はアメリカのどこどこにいる」という話になって、ラッセンが領海を出て行く時には、「See You Again」（また会いましょう）という会話を行ったそうです。

その近くには海上自衛隊の護衛艦「ふゆづき」もいたのです。だから「ふゆづき」が日本に帰ってくる途中に中国人工島の一二海里以内を通過しようと思えば出来た。しかし、敢えてやっていない。中国を刺激しないという考えでしょう。

馴れ合いと言えばそうかもしれないですが、アメリカには緊張感を高めようという意図はないわけ

です。しかし、もしラッセンに何らかの軍事的な攻撃があったらということも想定し、その南には米空母機動部隊が控えていたのです。何かあったらそこから叩くということです。柔らかく話すが、大きな棍棒を持って（Speak softly and carry a big stick）という、セオドア・ルーズベルト大統領の言葉を地でやっているのです。

もう一つ見過ごせないのは、ラッセン艦長が「多くの中国漁船に取り囲まれた」と言っていることです。この中には定期的に人民解放軍から軍事訓練を受けている海上民兵が含まれていたと思われます。中国の海上民兵は一九七四年にベトナムから西沙群島を奪った時、一九九五年にフィリピンのミスチーフ礁に建造物を造った時、二〇〇九年の米調査船インペッカブルの針路妨害、二〇一一年ベトナム調査船の活動妨害、二〇一二年フィリピンからスカボロー礁を強奪した時等で常に尖兵としての役割を果たしてきました。この海上民兵の活動は、一九七八年尖閣諸島に集中した一〇〇以上の武装漁船群を始めとして東シナ海はおろか小笠原列島沿いの珊瑚密漁船についても言えることだと捉えなければなりません。

●南シナ海では米中は対立関係にある

米中は、環境問題（地球温暖化）や対ＩＳ、大量破壊兵器の拡散問題、特に北朝鮮の核兵器保有問題に関しては協力しなくてはいけないという立場がお互いにあります。大規模な戦争をするような意図はないかもしれません。しかし、私は定期的に米国に行って有識者と意見交換をしていますが、ここ数年で米国の対中認識は厳しい方向に急速に変化しつつあり、米中が「野合する悪夢」というシナリオは、見通しうる将来考えにくいと思います。

例えば米国で最大級のシンクタンクであるランド研究所は、この一年間に二つの著名な報告書を出版しています。一つは『米中軍事スコアカード』で、台湾海峡有事と南シナ海を巡る紛争の二つのシナリオで米中どちらが有利かを解析した報告書、もう一つはより直接的で『中国との戦争』。米中戦争での両国の経済的損失についてシミュレーションしたものです。

南シナ海の現状は明らかに対立です。海底資源の問題があり、領有権、そして海上交通路の問題、そして中国の対米第二撃力確保という問題もあるのです。

即ち西沙諸島とスカボロー礁と現在埋め立て中の南沙人工島群、この戦略的な三角形の中に、海南島の三亜を母港とする中国のＳＬＢＭ（潜水艦発射弾道ミサイル）を搭載した原子力潜水艦を入れて、ここを聖域にすることです。ちょうど冷戦中にオホーツク海をソ連がＳＬＢＭ発射の聖域にした同じような形をとるのではないかと思われます。現在のＪＬ‐２という潜水艦発射弾道ミサイルの射程は約八〇〇〇㎞ですから、ここからは米本土には届きません。しかし、次のＪＬ‐３は射程約一万二〇〇〇㎞ですから米本土に届きます。ＪＬ‐３が実戦化するまで、ＪＬ‐２搭載の原子力潜水艦（ＳＳＢＮ）はバシー海峡を抜けて、太平洋に出ないと核弾道ミサイルを米本土に打ち込むことはできませんが、その場合通過点付近にスカボロー礁があるので、ここの軍事化に踏み切った段階が、米国にとって一つのレッドラインではないかと思います。

●「住み分けが崩れつつある」というのが現状

ちなみにスカボロー礁を中国が奪ったのは数年前です。二〇〇二年にアセアンの行動宣言が出され、行動宣言で述べられている「平和的手段」で解決しようとしたのに、それを中国が破ったから行動宣言の「信頼構築」ができなくなったのが実態です。

もう一つ言いますと、西沙群島の永興島は一九七三年にベトナムから米軍が撤退した、その力の空白に乗じて一九七四年に中国が武力で取った島です。確かに中国はLate Comerで後から来たのです。一九八八年に南沙諸島をベトナムから奪った時は、ちょうどソ連がカムラン湾から撤退して、力の空白が出来た時です。一九九五年にフィリピンから奪ったミスチーフ礁も一九九二年に米軍がフィリピンのクラーク空軍基地とスービック海軍基地から撤退したその力の空白に出てきたわけです。

そして同年に領海法を制定して、南・東シナ海のほぼ全域を自国の管轄権が及ぶと宣言し、数年前にはスカボロー礁をフィリピンから奪ってしまう。従って、南シナ海では「住み分けができている」のではなく、これまで力の空白に乗じ中国が力によって領土を拡張し「住み分けが崩れつつある」というのが私の認識です。東シナ海でも、中国は尖閣の領海に海警船を何回も、また軍艦を接続水域に侵入させているように、隙あらば領土を拡張しようとしている。

フィリピンが領有していたミスチーフを中国が奪ったことと米軍基地撤退は関係ないと言われる方もいますが、二〇一三年にフィリピンの国家安全保障室で勤務している海軍の将官は私に「米軍基地を追い出してしまったために中国にミスチーフを奪われた。あの政治判断は誤りであった」と直接語ってくれました。スカボロー礁は南沙群島ではありませんが、中国が南シナ海行動宣言に違反して非平和的手段で奪い信頼構築ができなくなったことに間違いはありません。
こういう状態なので、アセアンは、二〇〇二年の単なる「宣言」にとどまってはいけないと考えている。法的拘束力を持った「規範」にしようというのが昨今の動きです。

●日米共同で対処

それで日本はどうするのか。やはり南シナ海は、大切な海上交通路が通っていますので、航行の自由というのは我が国自身の問題です。日本の積極的な関与による米国支援が必要と思われます。ただし自衛隊が南シナ海に出ることについては非常に慎重な判断を要するでしょう。また、現在の自衛隊の人員・予算規模で常続監視海域を南シナ海にまで広げるというのは、やや無理があります。さらに、自衛艦が南シナ海中国人工島の一二海里の中に入ったら、それに対抗して中国の軍艦が尖閣の一二海里内を通るという反応もあるかもしれません。

ですから、日本は単独ではなく日米共同で米艦と一緒に行動すれば良いと思うのです。現に二〇一六年九月に稲田防衛大臣は米シンクタンクの戦略国際問題研究所で、自衛隊と米軍による共同巡航訓練や関係各国との二国間・多国間訓練などを通じて南シナ海への関与を強める考えを示しています。

例えば現在、海賊対処のためアデン湾に艦艇やP-3を複数派遣していますので、その行きや帰りに米海軍と一緒に航行の自由作戦をやるというのも一つの方策でしょう。現に海上自衛隊のP-3はアデン湾からの帰路、ベトナムのダナンに二〇一五年は二回、二〇一六年も二回立ち寄っていますし、艦艇も二〇一六年四月と五月の二回、二隻の護衛艦がカムラン湾に寄港しています。

しっぺ返しに尖閣の領海に中国艦が侵入してきたら、南シナ海で米艦と一緒に行動するのと同じように日米の艦が共同して侵入してくる中国艦船を追っ払えばいい。中国は「実を避ける（孫子）」国ですから、軍事大国である米国やロシアを敵に回して直接武力対決することはしません。さらに望ましいのは海洋国家群によるコアリッション（連合）の一環として日本も参加し、国際法を無視する中国対国際社会という構図にすることです。

ちなみに二〇一三年に制定された「国家安全保障戦略」には「海洋国家として、各国と連携しつつ、力ではなく、航行・飛行の自由や安全の確保、国際法に則った紛争の平和解決を含む法の支配といった基本的ルールに基づく秩序に支えられた『開かれ安定した海洋』の維持・発展に向け、主導的な役割を発揮する」と書いてあります。

●中国の海洋進出計画は日本にも及ぶ

日本にとって大事なことは、南シナ海の問題は南シナ海にとどまるものではなく、東シナ海にも及ぶというところです。ここが重要なポイントだと思います。

なぜかというと、中国が一九九二年に制定した領海法においては、中国の管轄権は南シナ海の九段線内のみならず、尖閣諸島も含む東シナ海のかなりの海域に及ぶとしています。ですから、南シナ海における中国の管轄権主張を見過ごすということは、即、東シナ海にも波及すると考えなければいけません。

今、中国には七つの軍管区がありますが、習近平の軍改革で将来は五戦区（東・西・南・北と中部）となり、陸海空軍の統合が図られて実戦的な体制となります。また新たに戦略支援軍が設立され、サイバー・宇宙空間での戦闘を統一的に行うことから、「支援」という名称ながら実際には、これが尖兵となることが予測されます。

中国の海洋進出計画――これは人民解放軍内部の国防方針ですけれども――によれば、一九八二年から二〇〇〇年までを「再建期」として、沿岸海域の完全な防衛態勢を整備するとされました。そして二〇一〇年までを「躍進前期」として、第一列島線（日本から台湾、フィリピン、ボルネオに至るライン）内の制海を確保するとしていました。

●沖縄の主権問題にも言及しはじめた中国

現在は、その次にくる「躍進後期」でして、二〇一〇年から二〇二〇年までに第二列島線内、すなわち小笠原からグアムまでの海域の制海権を確保するとされています。また、この期間に空母を建造することも目標です。中国は、沖ノ鳥島は島ではなくて岩であるので、そこから発生する日本の排他的経済水域を認めないとし、また二〇一四年には小笠原列島に珊瑚密漁船を大挙して押し寄せました。それらは第二列島線に進出するための布石だろうと思います。

その次もあります。二〇二〇年～二〇四〇年までの間は「完成期」と位置づけられています。米海軍による太平洋、インド洋の独占的支配を阻止するとし、二〇四〇年には米海軍と対等な海軍建設を行うというのが、人民解放軍内部の国防方針です。

それを裏付けるような形で、尖閣諸島だけではなく、中国は沖縄に関しても主権の問題を言い始めています。「環球時報」（中国共産党中央委員会の機関紙である「人民日報」の国際版）二〇一二年九月のネット記事を訳しますと、「二〇〇六年三月四日に琉球（沖縄）で住民投票が行われたところ、七五％が独立を要求し、中国との自主的往来の回復を要求。残りの二五％が日本への帰属を求め、独立を要求しなかったが自治に賛成」とされています。

ところが、二〇〇六年三月四日に沖縄で住民投票をやったという事実は全くありません。これは真っ赤な嘘なのです。「環球時報」の記事は『孫子の兵法』用間篇第十三にある「死間」（ニセ情報の流布）、いわゆるディスインフォメーションです。なお、この記事が出た後、二〇一三年五月八日の「人民日報」は、「沖縄の主権に関しては未解決」として、中国も文句を言う権利があるのだというような社説を出しています。

●海軍小国には攻勢をかける中国

私がなぜ『孫子の兵法』を引用したかというと、実は二〇一四年の九月三日、習近平が抗日戦勝記念日を制定した時に、人民解放軍に対して「孫子の兵法を学べ」と訓示しているのです。

中国は、実際に『孫子の兵法』に基づいてやっていると思われます。例えば、謀攻篇第三に「自分が相手よりも五倍の兵力ならば、すなわちこれを攻めよ」「自分が相手よりも倍の兵力だったら、相手を分散させよ」というのがあります。中国の海警はベトナムの海上法執行機関（日本でいう海上保安庁）の約五倍ですから、二〇一四年にベトナム公船へ中国の海警が体当たりをしました。

もう一つ『孫子の兵法』虚実篇第六に、「兵の形は水に象《かたど》る」「水の形は高きを避けて低きに赴く。兵の形は実を避けて、虚を撃つ」とあります。強い相手を避けて、弱い相手に対しては入り込んでくるということです。

即ち東シナ海に関しては、日米安保があって日本も自衛隊を持っている。それに対し、南シナ海ではベトナムにしてもフィリピンにしても海軍小国です。そういったところにまず攻勢をかける、ということが言えるのではないでしょうか。

●軍事力が五倍になると攻めてくる

二〇一五年、アメリカ海軍情報局が出版した「人民解放軍海軍」の中に、海上法執行機関（すなわち海上保安庁）の保有船の比較があります。中国は二〇五隻、日本が七八隻、ベトナムが五五隻、したがって、中国はベトナムの五倍近いです。だから攻撃した。日本は大型船が多いため実際には大体二倍ですから、「倍ならば、これを分かち」ということで、父島、母島あたりで密輸サンゴの違法操業を中国の国旗を掲げながらやり、海上保安庁の兵力を分散させるという戦略に出ているのではないでしょうか。

さらに航空部隊の兵力を見ますと、「ミリタリー・バランス」からの引用ですが、中国では、二〇一〇年から二〇一二年までの三年間に、航空自衛隊がまるまる出来上がる規模で空軍が増勢されているということです。第四世代戦闘機一〇個の飛行隊をつくってしまった。一〇個飛行隊というのは、航空自衛隊が保有している第四世代戦闘機（F15など）の数と同じです。

二〇一五年の時点で、第四世代戦闘機の日中比は、日本が二六〇に対して中国は七三一です。二〇一六年の防衛白書によれば、一年間で約八〇機増えて八一〇機と成りました。約三倍です。しかし、一〇年後、二〇年後にどうなるか。中国が今までの調子で軍備費を増強し続ければ、二〇一六年の時点において研究開発費や外国からの兵器調達費などを含んでいない公表値の中国国防費ですら日本の防衛費の三・七倍ですが、これまでの伸び率で軍備費を伸ばし続ければ、二〇二〇年には五〜八倍に開くということです。二〇二〇年くらいに中国の軍事力は日本の約五倍になってくるので「五倍ならすなわち、これを攻める」可能性が出てくる。これに対してどうするのかということです。

●中国の国力が低下するまでは日米同盟の強化で

日本は社会保障費が膨らんでいる。膨大な財政赤字がある。その中で中国と競って軍拡をやっていくという余裕はおそらく経済的にないでしょう。そうすると、方策としては最大の軍事力を持った米国との同盟を強化する以外にないのではないか。しかし安保法制が出来る前の状態では、例えば米艦を中国の弾道ミサイルが攻撃する場合とか、あるいは共同作戦をやっている米艦に対して他国の潜水艦が攻撃をした場合、海上自衛隊の艦はそれを探知し、反撃出来る能力があるにも関わらず、集団的自衛権の行使ができませんから反撃出来ない。こうしたことを改善して同盟を強化しようというのが今回の安保法制の最大の眼目ではないかと思います。要するに日米安保体制を強化するということです。したがって安保法制に関しては、限定的ではありますが集団的自衛権を行使出来るようになったというのは大きな進歩だと私は思っています。

一方で、あと二〇年ぐらい経てば、おそらく中国の国力の伸びは低下してくるでしょう。一人っ子政策の影響による社会保障費の増大とか、国内格差、環境問題等色々な問題があって、今までのようなリニア（直線的）な経済発展はできなくなってくる筈です。あと二〇年ぐらいが正念場です。それまで日米同盟の強化によって中国の拡張を抑止できれば、そのうち中国の国力の伸びは劣化して光明が見えてくると、私は思っています。

●メンツの国である中国は国際世論を気にしている

最後に、日米同盟の強化以外にどういう方策があるかと言えば、他の海洋諸国と連携して中国を孤立に追い込むことでしょう。中国の人工島造成と軍事化に歯止めをかける数少ない方策の一つが、中国の国際的孤立です。

冒頭に述べましたように、オーストラリアがP‐3を哨戒飛行させせましたが、フィリピンやベトナムも中国の行動に対して反対を唱えています。フィリピンが提訴したハーグにおける常設仲裁裁判所の裁定は、九段線という南シナ海のほぼ全域に中国の管轄権が及ぶとしていることに関しては、NO！ということになりました。

シンガポールはアメリカ海軍の哨戒機P‐8を受け入れました。マレーシアも受け入れ表明をしました。インドネシアは、九段線の南端付近にあるナトゥナ諸島の領有権に関して、中国が領有権を主張した場合には国際司法裁判所に提訴をすると言い始めました。二〇一六年一月に行われた台湾の総統選では、中国と距離を置く蔡英文民主進歩党主席が勝利しました。韓国も、中国が嫌がるTHAA

D（終末高高度防衛ミサイル）の配備に踏み切りました。

フィリピンは海上保安庁の船をほとんど持っていません。ベトナムも含め、そうした国々への能力構築や共同訓練を行って能力を高めていくことも大切です。それから、二〇一五年一二月に行われたインドのモディ首相との共同声明のように、一方的な現状変更に対しては反対するという共同声明を同じ価値観の国々と出していくことも大切です。

こういった多角的な方策によって中国を孤立させることです。中国はメンツの国ですから、国際的な世論を非常に気にしています。一〇〇％の保証はできませんけれども、中国の国際的孤立が人工島の造成や、その軍事化の歯止めとなる可能性もあるのではないかと思っています。

●海上連絡メカニズムをめぐって

日中間に海上連絡メカニズムをつくろうという動きがあります。二〇〇八年ぐらいから構築しようとしているのですが、日本が公海とその上空での運用を主張しているのに対し、中国は尖閣の領海・領空でも適用することを主張して合意に至っていない。したがって、もし日本が警戒監視等で出た場合に、中国海空軍とのコミュニケーションが取れるかという不安材料は確かにあります。

ただＣＵＥＳというのがあるのです。Code for Unplanned Encounters at Sea（洋上で不慮の遭遇をした場合の行動基準）と言って、不測の事態にこういう行動をしましょうという取り決めは二〇一四年四月の西太平洋海軍シンポジウムで——これは中国の青島で行ったのですが——、中国も採択しています。例えば、射撃管制用レーダーを照射するといった挑発的な行動はお互いに慎みましょうとか、相手の行動に疑念を抱いた場合のコミュニケーションは一応確立されています。

ただ、ＣＵＥＳには法的拘束力はなく、またそれが実行出来るかというのは非常に難しい話です。私は二〇〇一年四月一日にアメリカ海軍の電子偵察機ＥＰ−３が海南島に強制着陸させられた後に、アメリカの駐中国大使であったプリュアー元太平洋軍司令官・海軍大将と話をしたことがあるのですが、彼がいくら政府首脳とか人民解放軍に呼びかけようとして電話をしても、誰も責任を回避して電話に出なかったと言っています。ＣＵＥＳが確立されたとしても、運用面でそれが有効になるかどうかというのは分かりません。

●協調しない相手には断固とした措置をとることが前提

中国を取り込んで一緒に安全保障をやろうと言う人がいます。もちろん私は、中国封じ込めなどと言っていませんし、またやろうとしても不可能ですが、一緒にやるというのも幻想だと思います。例えば人工島を海上自衛隊の艦に使わせてくれと言っても、「ハイ、そうですか」と中国が言うはずがない。

コーポラティブ・セキュリティ（協調的安全保障）という考え方を強調される人がいますが、コーポラティブ・セキュリティとは何なのか。

『コーポラティブ・セキュリティの概念』という本は一九九二年、米国の三人の著者によって書かれています。三人の著者の内、二名は国防長官経験者です。一人は現国防長官のアシュトン・カーターで、南シナ海問題に関して「航行の自由作戦を実施すべき」と従来から提唱、スカボロー礁に中国が埋め立てに着手したら「米国は対応する」と言った張本人です。もう一人はウイリアム・ペリーで、一九九六年に中国が台湾の総統選挙を妨害しようと台湾周辺海域に弾道ミサイルを打ち込んだ時、二隻の空母を派遣して中国の横暴を力で押さえ込んだ国防長官です。

つまりコーポラティブ・セキュリティとは、協調しない相手に対しては力によって断固たる措置を取る（Carry a big stick）ことを背景にした概念で、ただ単にやわらかく対話（Speak softly）することとは違います。ちなみに本が出版された一九九二年に私はペリー元国防長官が所長をしていたスタンフォード大学の国際安全保障軍備管理研究所で、冷戦後のコーポラティブ・セキュリティを実践するため日米露の海軍大佐三名が集まって半年間共同研究をした時の日本代表であり、この概念は理解しているつもりです。

最後に、私の主張は「自衛隊を活かす会」の「提言」とは全く異なり、憲法前文の「平和を愛する諸国民の公正と信義に信頼して、われらの安全と生存を保持しようと決意した」という情勢認識は完全に破綻しており、かつ我が国を守る最後の砦となる自衛隊について一言も書かれていない九条は改正すべきであるとの立場を明確にしておきたいと思います。

中国専門家の立場から問題を見る

津上俊哉（元通産省北東アジア課長）

私は南シナ海の問題については専門家ではないのですが、中国のことは専門にしております。ですから、この問題について中国が何を言っているのか、そういうことを見る機会がやっぱり多いので、そういう立場で論じさせて頂きます。

●何故ＣＳＩＳが「中国の肩を持つ」？

日本と中国とが言い分が違うというのは当たり前のことですが、日本が中国以外の国とも言い分や見方が違うということになると、不安を覚えることになります。その観点で言うと、今の日本の対中世論や対中論調というのは、往々にして他の国の世論や論調とズレることがあるような気がしています。実は、南シナ海問題も他の国と一致しているように見えて、実はあちこちがずれているのではないか、という不安を感じている部分があります。

ベトナムが南シナ海で埋め立てや飛行場の建設をやってきた証拠とされている衛星写真があります。中国がこういう衛星写真を「他の国だってやっているじゃないか」と言って出すんだったら、それはそれで非常によくわかるんですが、これが掲載されているホームページは、ＣＳＩＳ（戦略国際問題研究所）という、アーミテージさん、マイケル・グリーンさん、ジョセフ・ナイさん、ジョン、ハムレさんという、いわゆるジャパン・ハンドラーズと呼ばれる御歴々のシンクタンクのホームページなのです。

私はこれを見て、何故よりにもよってCSISが「中国の肩を持つ」ような写真を載せているのかと理解に苦しみ、少し勉強をはじめました。その結果として分かったのは、例えば日本の論調では「中国の無法な行為に対して、アメリカが強く糾弾している」ということになっているわけですが、それは多分にマスコミの創作による部分が多いということです。話はそんなに簡単ではなさそうだということでした。

●アメリカのメッセージは単純ではない

例えば、二〇一五年のシャングリラの会合（IISSアジア安全保障会議）の時に、アメリカのカーター国防長官が中国を非常に強く批判したということになっていますが、中国の代表団は逆に「去年のヘーゲル前国防長官に比べるとずっと受け入れやすかった」というコメントを残しているのです。「あれ？　カーターさんは何と言ったのか」と思って、国防総省のホームページでスクリプト（演説原稿）を探してみると、「全ての関係国は埋め立てをはじめ現状変更をやめろ」という言い方をしていて、「中国がやめろ」とは言っていないんです。同時に、CSISのホームページには、ベトナムも同じように二〇一一年から埋め立てを始めたというような、そのような中身が載っているわけです。

つまり、アメリカが送っているメッセージというのは、すごく微妙です。「中国だけが悪いと言うつもりはないけれども……」というニュアンスが漂っている感じがしなくはない。

実際に調べてみると、南シナ海における埋め立てや構築物の建築などというのは、関係国は全部やってきています。「手の汚れていない」国は一つもいない。CSISが出している論文を見ても、この地域でこういう問題について新しく規範やルールをつくるとしたら、みんなが最終的にギリギリ折り合えるのは何だろうか、ということについての考察をしたペーパーがあります。そこでは、この地域では多分、「ステータス・クオ」(Satus quo：現状維持)ですらルールにはならず、強いて言うと「強制的な」――コエルション(Coercion)と言いますが――、力づくで現状を変更するのだけはやめようね、というぐらいしかルールになるものはないんじゃないかみたいなことが書いてあるわけです。やはりこの問題は、日本で捉えられているよりもはるかに微妙で複雑な経緯があるのではないのか、という感じがしました。

●中国の行動で軍事バランスが変わる可能性もある

ただ同時に、中国の埋め立てにより、滑走路はほとんど出来上がってしまいました。中国がやっていることも相当無茶苦茶だというのも事実です。

アメリカをはじめ関係国がにわかに憂慮を深めたのはこの二～三年の間です。それまでおとなしかった中国が、堰を切ったように、埋め立てその他に力を入れだした。過去、関係国が二〇年から三〇年でやってきた総量を上回るぐらいの工事を、ここ二～三年の間にエイッ！とやったのです。「いくらなんでもやりすぎだろう、お前」という気持ちが関係国にはあると思うんです。程度の問題だけれども、いくら何でも度を過ぎたというのが一つです。

もう一つが、つくった滑走路などが軍事利用されることへの懸念です。ここを使って、周辺国の航空機や何かを蹴ちらすみたいなったり、ここに防空識別圏を設定してというようなことをやりはじめると、本当に地域の軍事バランスが全然変わってしまうわけです。実際、「中国はそういうことをやりかねないよね」という感覚を関係国が抱いている。

そういう意味ではどちら側にも言い分があり、よくないところもある。そういう話なのだという気がします。

●アラスカ沖の領海に中国艦船が入った意味

日本の報道の少し変だなと思う部分をもう一つ紹介しましょう。日本の報道だけではなく世界中に流れたCNNの報道ですが、二〇一五年五月、「埋め立てしたところを領土、領海だと認めないぞ」という示威行動として、CNNのTVクルーを乗せた米偵察機P‐8ポセイドンが上空を飛んだ、というような報道がされました。しかし、よくよく調べてみると、領海とされる一二海里には全然近寄っていないのです。その外側を回っただけでした。その後、太平洋艦隊の司令官も同じことをやっていますが、その時も同じでした。

自衛隊もその翌六月、フィリピンとの共同訓練という名目でP‐3Cを派遣し、安保法制成立の前から、似たようなことをもうやっています。最近はオーストラリアも同じ事をやったといいます。アメリカというのは、強硬なことをやっているようで、実はすごく気を使いながらやっているという印象があります。

一五年九月から一〇月にかけて、「フリーダム・オブ・ナビゲーション」作戦（航行の自由作戦）の話がありました。一方、その九月、中国海軍がアラスカで米国領海一二海里の内側に入ったというニュースを聞いて、私は信じられない思いがしました。

何故かと言えば、米軍の側は、なかなかホワイトハウスの許可が下りず、中国が一二海里と主張しているところに入るか入らないかが議論になっているわけですが、ふつう、そんなに「行く行く」と予告しないだろうと思うのです。ひょっとしたら、アラスカ沖の問題は、これは「近々我々が行くけど、先にまずお前がやれ」と、米中間で談合でもしているのではないかと疑ったことがあります。

●オバマ政権の対応が中国に利用された側面もある

ちょうどその頃、アメリカ議会関係者とかＣＲＳ（アメリカ議会図書館の議会調査局）の方々が日本に来られることがあって、「まさかそういうことじゃないですよね？」と聞いたのです。そうしたら、「そんなことはない」というお答えでしたが、アラスカの領海に入られた時、アメリカはすごく静かだったそうです。「それは何故だったんでしょうか」と聞くと、「我々は人民解放軍の挑発だと思った。領海に入られたアメリカが激昂したら、『あなたは他人の領海に入っても良いが、私が他人の領海に入るのはダメなのはなぜか』と、ダブルスタンダードを突くために中国は挑発をしてきたんだろうと我々は解釈して、その挑発には乗らないということで沈黙を守った。その結果として、人民解放軍は碁や将棋で言う『ハメ手』を仕掛けたが、見破られてかえって損をしたというようなことになったのではないか」と言っていました。

ただ、オバマ政権が航行の自由作戦を許可するかしないかを議論すればするほど、南シナ海の一二海里とアラスカの一二海里が同じようなものとして浮き彫りになったのは事実です。中国の「環球時報」でも、「こっちが宣伝もしないのに『一二海里、一二海里』と言って頂いて、我々の権利が浮き彫りになったようで有難いことだ」と皮肉を飛ばしていました。大体こういうものは、「Just Do It」でやればいいのであって、「それをやったらどうだろう、中国を刺激するんじゃないか」と散々議論したので、かえって損をしてしまったと、オバマ政権のやり方を批判する声もすごく強いということも議会関係者は言っていました。

●中国悲観論も強まっているが……

他方で、南シナ海の問題に限らずですが、今の中国に対して、ワシントンなどではすごく見方が厳しくなっています。この一年間ぐらいですごく態度が硬化してきていて、やはり中国と一緒にやるのは難しいんじゃないかという悲観論も強まっているということです。

その結果、中国に対するアメリカの姿勢がこれから強硬になっていくだろう、そういうことをよく聞きます。そういう面は確かにあるんだろうと思いますが、アメリカの対中政策というのは、政治とか安保にかかわる人たちだけで決めているわけではありません。「最低五つぐらいの勢力が押し合いへし合いして、結果的にアメリカの対中政策というのが出てくる」という性格のものなので、国務省や国防省だとか、ワシントンだとかの、特にタカ派の人たちがすごく見方を厳しくしているのは事実だけれども、それだけで政策が決まるほどアメリカの政策は簡単で首尾一貫したものではないという話も聞きました。

●九段線の擁護で中国国民は一致団結している

次の問題です。よく話題になる中国が南シナ海に引いた九段線というのは、もともとは十一段線でありまして、台湾に逃れた国民党が言い出したものです。戦前の国民党は「自分たちは帝国主義、侵略の被害者だ」というルサンチマン（被害者意識）がすごく強かった人たちです。その人たちが一方では、「モンゴルも含めて全部中国の領土だ」と主張したのもルサンチマンのなせる業なのでしょう。その「海」編が十一段線ということだったわけです。

中華人民共和国が、国民党の領土・領海主張を引き継ぐ時にどういう経緯があったのか、私はまだ詳しく勉強したことはありません。なんとなく引き継いだんじゃないかなという気もします。いずれにせよ、自分たちから「十一段線はちょっと言い過ぎなのでトーンダウンします」、とは言いにくいだろうという気がします。結果的には国民党が目一杯で主張したものを、誰も修正することなく今日まで引き継がれているというのが、この問題の実態ではないでしょうか。

十一段線もそれに由来する九段線も、国際法上は何の根拠もないものですが、今や中国では、誰もそれに疑問を挟むことができない存在になってしまっています。南シナ海問題で「中国が正しい」と思っている人は、中国人の九九・九％ぐらいを占め、一致団結していると言って良いと思います。中国国内で、「俺たちも南シナ海では強硬にやりすぎだよな」と言っている人はほとんどいません。

●習近平は非常に困っている

習近平という指導者の気持ちは、今はとにかく内政に山ほど問題があって、その難局を乗り切ることが彼に託された最大の課題なので、その課題をさらに難しくするような対外的な揉め事というのは、出来れば避けたいということだろうと思っています。それなら南シナ海でも、もう少しトーンダウンして波風が立たないようにすればいいようなものですが、そうすると今度は国内が収まらなくなる。だから譲歩はできないが、他方でアメリカと事を構えるということもいかないので、非常に困っていると思います。

その中で、とりあえずは滑走路も完成したので、Status quo（現状維持）で、ここで留め置くという格好で、いまの国際的批判をやり過ごそうとしている感じではないでしょうか。アメリカ海軍のミサイル駆逐艦ラッセンが中国が領海と主張する海域に入ったわけですが、「あれはカッコだけだから、やらせておけばいい」というような公式論評を流し、努めて平静を装って、国民に問題視されないように、とにかくlow-key（控えめ）に世論管理を一生懸命にやっているという感じでした。

一方、この分野を専門に研究している人から聞いた話ですけれども、軍の他に国家海洋局という組織がありまして、ここは「失われた領土、奪われた領土のルサンチマンの塊」のようなところがあるそうです。そして、中国が奪われた領土・領海をどうやって取り返していくかという「ロードマップ」をノートに書き溜める、その実現を画策してきたような役所だそうです。「そういう眼でこの三〇年間を見ると、国家海洋局がそのロードマップを一歩、また一歩と実現してきたプロセスなんだ」という見方もあるわけです。

確かに、我々も参照出来るような彼らの文献を見ていると、やはりこの先には、例えば「南沙市」みたいな行政区画を設営するとか――西沙諸島では三沙市《さんさし》を設定しましたが――、東シナ海と同様の防空識別圏を宣言するとか、そういう形でさらに支配を強めていくというロードマップの残りがまだ書いてあって、その機会を窺っているという状況らしい。だから、放っておけば、何かの機会にまた次の行動に出るというのは十分ありうることなんだろうと思います。

●軍事費GDP二%の維持か拡大か

ただ他方で、最近、中国の経済成長が少しおかしくなってきています。この問題が私の本職ですが、中国が一五～二〇年後まで高成長が続くなんていうことはありえないということを、私はずっと主張してきました。そうなってくると、名目GDPの二%という国防予算――グラフを書くとほぼ真っ平らの線になるんですが――を、今後、中国はどうするのか。

予算全体が伸びなくなってくる中で、国防や海警だとかの予算も「我慢して二%の中でやれ」とするのか、それとも「アメリカの国防予算はGDP比で四%ぐらいあるんだから、中国だって四%使っていいはずだ」と、軍への資源配分を増やしていく方向に行くのか、中国には選択肢があるわけです。どっちに行くのか非常に注目されるところですが、二〇一五年一一月の五中全会（中国共産党中央委員会第五回全体会議）で、二〇一六年からの五カ年計画を審議したというニュースがありました。その五か年計画の文書では、軍のくだりに今まで見たことがないようなことが書いてあります。

その一つは「小康社会の全面達成」です。小康社会とは、要するに一三億人の国民がみんなそこそこの、日本流に言うと「健康で文化的な最低限度の生活」がおくれるということなんですが、「小康社会の全面達成の進展と相一致させつつ、国防、軍隊建設を全面的に推進する」という書き方をしたんです。これが何を意味しているのか、まだ中国の人に聞くチャンスがないまま過ぎていますが、経済の面で何が言われているかというと、二〇二〇年まで平均七％成長して二〇一〇年の二倍のGDPに持っていくというのが「全面小康達成」の数値目標として定まっています。また、五中全会ではもう一つの目標として、国内から「貧困人口」と言われる人たちをなくすということも、「全面小康達成」の表現としてありました。

●軍事費を二％でピタッと止めている意味

そういうものと「一致させ」てというのは、読みようによっては経済成長とペースを合わせてやってもらうんだよということを、軍に対して申し渡しをしたことが意味としてあるのかもしれません。GDP二％を四％へ向けて上げていくという道はとらないということなのかもしれない。

実際問題として何故軍事費を二％でピタッと止めているかというと、国内の資源配分を変えたくないということです。プロラタ(比例配分)にするということです。それだったらみんな文句は言わない。どこかを増やしてどこかを減らすということになると、当然どこからかは文句が出るわけです。国防予算を増やすためには社会保障を削らなければいけないし、貧困人口をなくす目標も達成が怪しくなるかも知れない。そういう予算を削ってまで軍備を増やすことをすれば今度は国民がどう思うか、ということを習近平や共産党は強い危機感を以て考えないといけないということです。

人民解放軍の三〇万人の削減がニュースになりましたが、習近平の演説を見ていると、演説の時間のかなり早い段階で――ウケ狙いではないけれども――、「三〇万人削減します！」と言って拍手が入ったような感じです。中国国内には、「軍隊ってちょっとどうなの」という冷ややかな意見も実は相当あるだろうと思います。

軍事費ＧＤＰ二％を四％に持って行くというのは、非常に難しいし反対も強いし、おそらく政府首脳もそうしたくない。しかし、強硬派の人たちは何かのチャンスがあったら、「外国からこんなことをされて黙っていていいのか」と世論を煽って、予算の増額を仕掛けにいくというようなことはあると思います。

中国の担当部局は、失われた領土、領海を取り戻していくということを、ＤＮＡのように固く心に誓った存在だということを忘れてはなりません。この人たちはリソース（目的達成のために必要な要素）があれば多分やるだろう。ずっとチャンスを狙っていて、チャンスが来た時には機を逃さずに掴む人たちですから、放っておくとやるんだろうという気がします。そうすると、やらせないというのがすごく大事なことで、例えば、中国が予算を増やすきっかけに使われるような「挑発」を我々の側はしないことです。そういう隙をつくらないことが大事ではないかと思っています。

●日米の側が中国にやられて一番イヤなことをやる

次に、日本は南シナ海でどうすればいいのかということです。私は専門家ではないものですから、通り一遍のことしか知恵として出てきません。

アメリカからは、「南シナ海で自衛隊はエアパトロールをやってね」という期待が表明されています。ただ私は、米軍はどこまで本気で真剣にこの問題を考えた上でそう言っているのかということに、少し不信感を持っています。

私は中国と付き合っているうちに、「自分が中国だったらどういうことを考え、何をするか」を考える癖がつきました。南シナ海の問題についても、中国が「日本の行動は絶対に許し難い、何としても止めさせたい」と思ったら何を仕掛けてくるかを考えてみると、私はやはり「日米の側が中国にやられて一番イヤなことをやる」のが一番効くだろうと思います。

そう考えると、我々がイヤなのは、南シナ海ではなく東シナ海でまた「日中一触触発」のような緊張が高まるとか、日本が埋立（護岸強化）した南鳥島で領海に侵入しまくるとか、日本の領海で中国との武力衝突が起きるかもしれないという事態が突きつけられていくことです。逆に、中国の側は、それが一番効果的なことだと考えるのではないか。

米軍は自らの負担を軽くしたいから、日本に「南シナ海のパトロールをやってね」と言っている訳ですが、それがきっかけで日中が軍事衝突したら、負担軽減どころか一番困るわけです。ですから、もし中国が、「日本にそんなことをやらせるんだったら、東シナ海で日中の武力衝突も辞さずだ」という態度をとったら、アメリカは日本に対して「それでもいいから、頑張って南シナ海のパトロールを続けてくれ」とは言わないのではないでしょうか。「それならパトロールはもういいわ」と言い出しかねない。

米軍はどこまで本気で真剣にこの問題を考えた上で日本にパトロールを求めているのか。そこに少し不信感を持っています。だとすると、その程度の話で自衛隊員の命を危険に晒すなんていうのは、馬鹿馬鹿しいことではないかという気もしてきます。

●同盟国みんなのマルチ対応が大事

同じパトロール行動でも、アメリカがやるとき、オーストラリアやベトナムがやるとき、日本がやるときと、やる相手によって中国の反応は変わってくると思います。ある意味、日本というのは中国が一番過激に反応する相手なわけで、一番弱いアキレス腱です。アメリカにやられたのなら文句があっても黙っているけれども、同じ事を日本がやったらぜったい許さないという過去の歴史に由来するものがあります。日本は南シナ海で何もしないわけにはいかないとは思いますが、そういう観点から見ると、単独行動はやっぱり止めた方が良いと思います。

そういう意味で、フィリピン海軍との共同訓練という名目で、海自が哨戒機のP－3Cを既に飛ばしていることに私は不安を感じます。日米共同というのも出来れば避けて頂きたい。私が一番良いなと思うのは、同盟国みんなのマルチ対応です。オーストラリアもベトナムもアメリカも日本もみんな参加してやりますというかたちです。「みんなで渡れば何とか」という言葉もありますが、そういう形で味方を増やして、大勢で協調してやっているという姿にすればするほど、中国は手を出しにくくなるという気がしますので、そういう仕組みを考えてもらいたいと思います。

●中国をどう取り込んでいくかの視点も大事

なお、自衛隊OBのある方が書いていた話の引用ですが、南シナ海でマレーシア航空の飛行機が失踪して、どこに行ったかさっぱり掴めないという事件がありました。南シナ海は状況監視――何が起きているか調べるとか、モニターするとか――のインフラがほとんど整っていない地域らしいんです。専門用語で「海空領域認識」と言うらしいですが、そういうものを共同で構築していくための援助なども、みんなで一緒にやるという取り組みの一つとしてやったらいいと思います。

さらに言えば、日本というのは、そういう取り組みに中国も「アンタも入りなよ」と取り込んでいく努力をすることがあればもっと良いと思います。今はそこまでのことをする器量はないかもしれないけれども、そういう方向で努力すべきではないか。

中国が南シナ海をおさえたいというのは、失われた領土、領海という感情以外に、シーレーン、エネルギー輸送の安全を確保しないといけないという思いがあるからで、それが建前になっています。そうだったら、シーレーンの安全確保はこの地域の国の共通する利益ですから、「みんなでやろうじゃないか。おたくがつくった滑走路も使わせてもらってさ」みたいな形で、中国を取り込むという努力をするのも大切です。

実際に上手くいくかどうか分かりません。けれども、中国にシーレーン防衛という口実を言わせないようにしていく、そういう形で中国を取り込む努力というのも、誰かがしないといけないのかなと思います。

●中国はアメリカを追い抜くことはできない

最後に、私は中国経済が本業ですが、中国の経済の将来をものすごく辛口に見ることで業界では有名で、三年ぐらい前から、中国がアメリカのＧＤＰを抜く日は永遠にこないということを唱えている人間なんです。そう考える理由というのは、いくつもあります。

たとえば、この五～六年間で日本を一気に抜き去った高成長というのは、実は公共事業をガンガン無茶苦茶やったので、人工的に成長率がかさ上げしてあっただけだということです。今その反動が来て、ポストバブルの低迷期みたいなことになって、後遺症からどうやって脱却するかが大変な課題になっています。

また、中国共産党のように国有企業が大切という政党には、本当の意味で中国を中長期的に成長させるような市場経済重視の戦略は取れないだろうという見通しもあります。それから悲しいことですが、中国の人口動態を見ると、少子高齢化で日本の本当に二の舞みたいな道をぴったりと追走して歩んでいることもあります。

ですから、この国がアメリカのＧＤＰを抜くというのは無理だと思います。アメリカの専門家のなかには、「そうなるかもしれないが、そうならない場合にも備えなければいけないんだ」と言う人がいます。しかし、アメリカのＧＤＰの七～八割ぐらいまでは達するかもしれないけれども、そこでピークアウトして結局アメリカは抜けない。そういう未来像が私の中に非常に強くあるんです。

そういう私の目から見ると、今の中国の軍備や国力の増長というのは、つかの間の繁栄みたいに見えるところがあります。中国の歴代王朝がそうであったように、創建から七〇～八〇年、一〇〇年ぐらいの間は調子がいいんだけれども、それを過ぎると衰退の方に向かってしまうのではないか。今の中共という王朝も、多分その歴史の定めから逃れることはできないだろうと思います。

●向こう一〇年間が決定的に大事である

そうならない道というのは論理的にはあり得るんですが、それを中国共産党にやれというのは、やっぱり無理だろうと思います。私はものの例えで、「それは亀に向かって甲羅を脱げと言うようなもので、亀は甲羅を脱ぐと亀じゃなくなってしまいます」とよく言っているのです。そういう私のイメージからすると、中国の経済的勢いが衰えてくるまで、あと一〇年ぐらいをどうしのぐかというのが、東アジアの安全保障にとっての正念場だと思えるのです。

一方でアメリカですが、アメリカが偉大な国だと思うのは、これだけアメリカの覇権に対して疑問が呈され、「アメリカの覇権はもう戻ってこない」と疑問を呈されていても、財政の持続可能性のために数千億ドルの防衛予算を自ら削ることが出来るという国だということです。そういう高い政治的能力を持つ国には未来があると思います。

そういう意味で私は、向こう一〇年間を「無事之名馬」で過ごせば、東アジアにはまた次のステージが来ると思います。中国にはルサンチマンの塊のようになって「失われた領土・領海を取り戻す」ために、「力の真空」みたいなチャンスが来ないかと機を伺っていて、その機が来るとバクっとやるようなことを重ねている人たちがいるんですが、あの人たちに時節が巡っているのも向こう一〇年間です。この一〇年間に地域のパワーバランスを決定的に変えてしまうような次の一手を打たせずに、時間切れに持ち込むみたいなゲームが出来れば、それでいいのではないのかなと思います。そんな未来を描きながら、中国との間でディールをしていくということが大切でしょう。

東南アジアの視点から問題を捉える

石山永一郎（共同通信編集委員）

●「南シナ海行動宣言」の実効性を高める

私は共同通信社のマニラ支局とアメリカのワシントン支局に特派員として駐在をした経験があります。日米関係、在日米軍基地など外交・保障問題を主に担当していますが、一番の専門領域はフィリピンを中心とした東南アジア地域だと自分では思っています。

フィリピンでは一九九一年に上院が基地存続条約の批准を否決、米軍基地が完全撤退するまでの過程を取材しました。二〇一三年にはフィリピン海軍の輸送船に同乗し、南シナ海でフィリピンが実効支配している島々を実際に見てきました。

そういった取材経験からすると、現在の南シナ海における領有権問題をめぐる日本政府の認識、さらには日本の報道の主流となっている論調には、かなり違和感を持っています。社内でもいろいろ議論をしつつ、主流と違う見方から記事を書いてきました。

主流の認識、論調とは以下のようなものです。

「中国は南シナ海における実効支配をどんどん拡大しており、日本のシーレーンにとっても脅威になりつつある。フィリピンを軍事的に支援して中国の海洋進出を阻止しなければならない」。極端な論調の中には「南シナ海が第三次世界大戦の発火点にもなりうる」といった物騒なものまであります。

しかし、私の見方は違います。中国に対抗して周辺国が軍事力を高めていく先には危うい結末しか待っていない。それよりも、中国と東南アジア諸国連合（ＡＳＥＡＮ）が、二〇〇二年に合意して署名した「南シナ海行動宣言」の実効性をより高めて、紛争回避の具体性をもたせていくしかない。そう思っています。

多くの日本人は、南シナ海の領有権問題を巡り、おおざっぱに以下のような認識を持っているように思います。

「どうも南シナ海の島々を中国が片端から奪っているらしい。特に南沙諸島では、奪った島を次々と埋め立てて人工島を作っている」

中国が南沙諸島で実効支配している島を埋めたてているのは事実です。しかし、埋めたてている場所は二〇〇二年の南シナ海行動宣言の時点で、既に中国が実効支配をしていた島――実際は島とも言えない岩礁や浅瀬――に限られています。

南沙諸島で各国が実効支配している島の数は中国七、フィリピン八、ベトナムが二〇以上、マレーシア三以上、台湾一です。実効支配の棲み分けは既にできあがっています。南シナ海行動宣言以降、各国・地域の実効支配数に変化はありません。

●早くから実効支配に乗り出したフィリピン、ベトナム

歴史的に見ると、中国は南シナ海、特に南沙諸島の実効支配に関しては、大きく出遅れています。

フィリピンやベトナムと比べると明らかです。

戦前、戦中の南シナ海の領有権問題はどうだったかというと、一九三〇年代後半から南シナ海のほぼ全域の島を実効支配した国がありました。どこでしょうか。そう、日本です。当時、インドシナを植民地支配していたフランスが領有権を主張して非難しましたが、日本は支配した一部の島に小規模な軍事施設も置いていました。

敗戦後、日本は領有を放棄しました。サンフランシスコ講和条約の第二条（f）には次のように明記されています。

「日本国は新南群島（南沙諸島）、西沙諸島に対するすべての権利、権原及び請求権を放棄する」

しかし、日本が放棄した後、南沙諸島や西沙諸島をいかなる国や機構が管理するかについては、条約には書いていなかった。ゆえに、領有権をめぐる「力の空白」が生まれます。

一九五〇年代～一九六〇年代当時の中国は権力闘争やら文化大革命やらと、まだまだ内政が大変な時期でした。南シナ海に乗り出すような余裕はありませんでした。

この時期にいち早く「力の空白」をついて実効支配に乗り出した国の一つがフィリピンです。実効支配に最も熱心だったのは、六五年から八六年まで独裁を敷いたマルコス大統領でした。

南沙諸島には二つだけ井戸水が出る島があります。一つは、台湾が支配している大平島。もう一つはフィリピンが支配しているパグアサ島です。この二つの島はだいたい東京ディズニーランドぐらいの広さがあり、なんとか人が暮らしていける島です。そのほかの島は、砂州といった方がいいところ、海面ぎりぎりの環礁や岩礁、暗礁や浅瀬といった場所です。

八〇年代以降に中国が実効支配競争に加わったときは、もう暗礁や浅瀬しかなかったというような状況でした。

●中国が八〇年台後半以降、進出してきたが……

中国は、米軍がベトナムから撤退した後の一九七四年に西沙諸島をベトナムから奪っています。さらには一九八八年、南沙諸島の領有権を巡って「南沙諸島海戦」と呼ばれる本格的な軍事衝突が起きています。ベトナム軍の船が沈められ、ベトナム兵七〇人以上が死亡、中国が圧勝しました。この戦果として中国はファイアリークロス礁など六つ岩礁をベトナムから奪いました。

さらに九五年、どの国も実効支配していなかったミスチーフ礁を支配しました。ここはフィリピンのパラワン島に比較的近い海域だったので、フィリピン政府が反発、このころから南シナ海の領有権問題は国際的に注目を集めるようになります。

日本の安全保障の専門家の中には次のようなことを言う人がいます。

「ベトナムから米軍が撤退した後、中国は七四年に西沙諸島をベトナムから奪った。九二年にフィリピンから米軍が撤退した後、中国は九五年にミスチーフ礁を奪い、南沙諸島全体を支配した。だから沖縄から米軍が撤退すると、日本も尖閣諸島を中国に奪われる」

事実でしょうか。分析は正しいでしょうか。

西沙諸島については、米軍撤退と結びつけるのではなく、中越間の歴史的対立関係を考えるべきだと思いますが、中国が実効支配を進めたのは事実です。

しかし、南沙諸島に関しては、少なくとも南沙諸島全体を中国は支配などしていません。九五年の中国によるミスチーフ礁支配の後、フィリピンは九八年に中国に対抗して、無支配だったアユギン礁を新たに実効支配しています。南シナ海で最後に実効支配を拡大したのはフィリピンだったのです。

ＡＳＥＡＮ行動宣言が出された二〇〇二年以降は、中国が新たな島をとったということはないし、他の国・地域も実効支配を拡大はしていません。

では、中国は何をしているのかというと、二〇〇二年以前から支配している岩礁や浅瀬を埋め立てて広げているのです。フィリピンのパグアサ島や台湾の太平島のような大きな島を中国は持っていないので、居住可能にするには埋めたてしかありません。

人工島の埋め立てについて、アキノ前政権下のフィリピンやベトナムは南シナ海行動宣言の趣旨に反すると非難しました。しかし、宣言と厳密に照らし合わせると、違反しているかどうかは微妙です。

南シナ海行動宣言は、①関係国が信頼醸成を目指す、②領有権問題は平和的手段で解決する、③まだ実効支配されていない島や岩礁への支配拡大を控える――といった内容です。どこかが支配している島を奪い取ったり、まだどこも支配していない島を新たに支配したりするなという点が重要なポイントです。

中国の人工島建設は、海の環境破壊という問題が間違いなくあるほか、行動宣言のうち①の信頼醸成を損なうものといえそうですが、最も重要な③の実効支配拡大の自粛はぎりぎり自重しているように思えます。人工島は既に実効支配している島を拡張しているだけといえるからです。

●他国が領有する島を奪うのは中国には簡単なことだが……

人工島建設は、この地域の島々をこれから次々と奪っていく布石ではないかという意見もあります。中国がその気になれば、軍事的には簡単にできると思いますが、実際にはやってこなかった。たとえば、フィリピンが実効支配している島のうち、最後に奪ったアユンギン礁を警備しているのは海軍兵士四人だけです。中国が奪う気になれば一時間ぐらいで奪えるでしょう。しかし、それをやると、ASEANと中国という枠組みの中での決定的な紛争になります。だからやらない。中国は今後も自制していくと私は基本的には考えています。

ちなみにこのアユギン礁の四人の兵士ですが、私が訪ねたときに「昔は六か月勤務だったけど最近は四か月勤務になった」と少しほっとしたように話していました。六か月だと「頭がおかしくなってしまう者が何人も出た」ためだそうです。アユギン礁はフィリピンが廃船をサンゴ礁の上に座礁させて居住スペースを作ったところで、朽ち果てた小さな幽霊船のような船がサンゴの浅瀬に囲まれてあります。携帯もインターネットも通じない。中国の携帯電話を持っていくと通じるんですけれど。三六〇度真っ平らな海しか見えない中で兵士たちは退屈して暮らす。仕事は出没する中国船を数えるだけです。半年近くいるとおかしくなって、海に向けて自動小銃を意味もなくぶっ放したりとかする。それで六か月勤務から四か月勤務にしたということでした。

●フィリピンも領有する島の実効支配を強めている

人工島をつくっている中国とやり方は違いますが、フィリピンも支配している島の現状を変更し続けてきました。南沙諸島で二番目に大きいパグアサ島にフィリピンは、一九七〇年代に一四〇〇メートルの滑走路をつくっています。

フィリピン政府に補修予算がなく現在は草むしていますが、今でも輸送機C-130は着陸できます。フィリピンはさらにこの島に民間人を政策移民として送り込んでいます。ハードな軍事パワーは使わない代わりに「住民」という既成事実を積み上げているのです。その数はだんだん増えていて今の住民は民間人が一〇〇人、軍人が三〇人ぐらいです。

パグアサ島では、ちゃんと町長選も行われて、軍人派と民間人派が選挙のたびに町長の地位を争っています。

こうして二〇〇二年以来、実効支配の枠はどこの国も変えていない。ゆえに、将来的な領有権問題の解決方法としては、現在の実効支配の棲み分けを認めるしかないと思います。これまでの問題は、その棲み分けでは一番損をすると思っていた国が中国であったという点でした。

ただ、中国が今後、支配地の人工島を完成させれば、中国も拠点の数はこれで十分という判断となる可能性も高いと思われます。そうなれば、南シナ海行動宣言により実効性をもたせ、違反した場合は罰則も科す「行動規範」の策定——長年論議されながら策定に至っていないのですが——に中国も同意する方向に進むのではないでしょうか。みんなが現状に満足すれば、ちゃんと規約をつくって平和的に維持していく方向に話し合いが進展することもあるだろうと私はみています。

●日本は当事国でないからこそ外交努力に徹するべきだ

そういう状況下で、日本はどうするべきか。南シナ海の問題というのは、日本にとって少なくとも存立危機事態――日本国民の生命、財産、幸福が根底から覆される事態と定義されています――からは遥かに遠い問題です。

もし、日本に存立危機という事態が過去にあったとすれば、七〇年前の戦争末期、サイパン陥落後の日本の状況でしょう。もう一つは、あえて言えば、五年前の東日本大震災後の福島第一原発の事故の時。あの時は東日本壊滅の可能性があった危機でした。

南シナ海の問題は、日本にとって、そこまで重大な問題ではない。そもそも中国とＡＳＥＡＮとの間で平和的解決の道筋はいくらでもある。緊張をあおるべきではない。むしろ日本はその仲介役として何らかの貢献をすべきです。自衛隊の派遣などとんでもない。領有権争いの当事国ではないからこそできる平和解決の道筋作りをしていくべきです。

確かに中国の海洋進出戦略や南沙諸島の軍事基地化は脅威ですが、中国はギリギリまだ南シナ海行動宣言の枠内に留まっている。日本やアメリカがこの地域で挑発的な軍事行動をすることは、二〇〇二年以降、ギリギリ紛争回避がされてきたこの地域の微妙なバランスを、かえって崩しかねないのではないかという危惧を持っています。

問題として残るのはスカボロー礁です。これは南沙諸島海域でなく、ルソン島西方のフィリピンの排他的経済水域内にあります。中国はこのスカボロー礁を実効支配する動きを見せています。既に実効支配済みとの見方もありますが、南シナ海における実効支配とは建造物をつくったり、人を住まわせたりしていることが定義とすれば、中国はまだ、そこまではやっていません。ただ、今後、ここにも人工島を作るのではないかと懸念されています。

スカボロー礁は付近に多くのウミガメが回遊する岩礁です。それゆえ、中国漁船が多数押しかけるのです。目当ては食用のウミガメ捕獲とべっ甲です。中国でウミガメは長寿につながる珍味とされ、べっ甲の価値も高いからです。

ここに中国が人工島をつくったら、これは明確な新たな実効支配です。南シナ海行動宣言違反となります。その場合、南シナ海の領有権問題を巡る緊張は新たな局面を迎えることになります。

しかし、アキノ政権に代わって二〇一六年六月にフィリピンで誕生したドゥテルテ政権によって、その懸念は薄れつつあります。

ドゥテルテ大統領は今のところ反米親中的な姿勢を示しています。親米一辺倒だったアキノ前政権と比べると劇的な外交転換の可能性を示しています。ドゥテルテ政権になって以来、中国は武力での脅しでなく、フィリピンを取り込もうと必死の外交攻勢をかけています。ここまで二国間関係が変わると、スカボロー礁をめぐる問題も平和的な解決に進むのではないでしょうか。

結局、南シナ海問題とは当事者に任せておけば済むことだった、米国や日本がありもしない軍事的危機をあおっていた。そのように振り返る日が来る可能性もあるのではないでしょうか。

●海底資源問題でもフィリピンのやられっぱなしではない

最後に、資源の話を私の知る限りで紹介します。南シナ海における原油の埋蔵量がどの程度なのかについては諸説あります。七〇億バレル～一〇〇億バレルという説もあれば、中国の推計では一〇〇〇億バレル以上であるというものもあります。

フィリピンは既にパラワン島に近い海域でマランパヤ海底ガス田を開発済みです。ここはイギリスのロイヤル・ダッチ・シェル、アメリカのシェブロン、フィリピンの公共事業体の三社で開発をしていて、今や首都マニラの電力を全て賄うどころか、国全体のエネルギー量の三分の一を生み出すまでのガス田になっています。

フィリピンはＡＳＥＡＮの中ではエネルギー自給率は低い方ですが、それでも六割はある。日本に比べるとはるかに高い。

しかし、南シナ海の他の海底油田などは、現在の原油安の中では採掘しても採算が合わないともいわれています。マランパヤガス田の南に油田があって、四〇〇〇万バレルの埋蔵量が確認されているんですが、シェブロンもロイヤル・ダッチ・シェルも採算が合わないとして二〇一五年に入札を見合わせました。

南沙諸島海域で資源があるのは海域の北東部だけです。マランパヤのほかはリードバンクというところです。中国が持っている島は資源があるところからはやや遠い西方に集中しています。資源の実効支配という観点から見ても、中国よりもフィリピンの方がしたたかに事を進めているようにも思えます。

実効支配の現状も資源をめぐる可能性も、一般に伝わっている話とはかなり違います。南シナ海問題には、多くの「幻の前提」があると私は思っています。

Ⅳ

北朝鮮

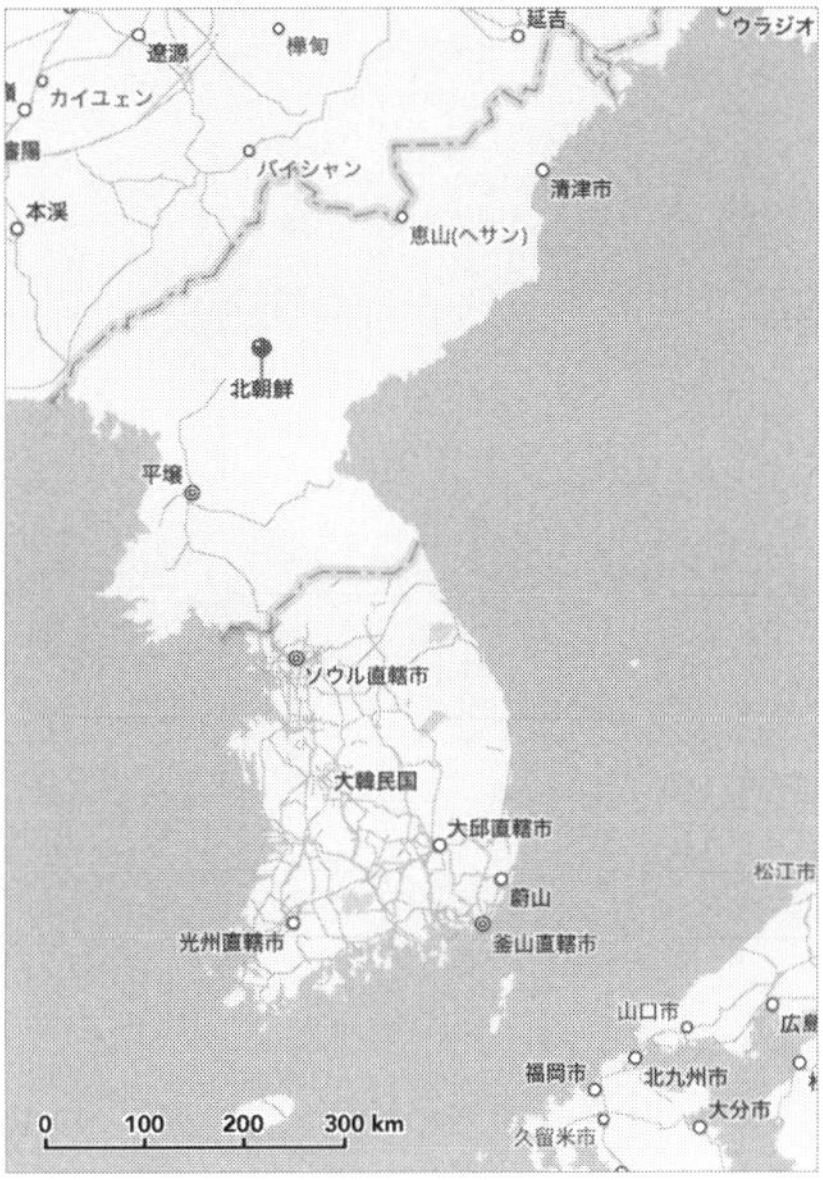

北朝鮮とその周辺の地図

核開発問題をどう捉え、どう対応するか

柳澤協二（元内閣官房副長官補）

●北朝鮮は何をしたいのか？

今年（二〇一六年）に入ってから、北朝鮮は、二回の核実験と弾道ミサイルの発射を繰り返し、地域の緊張感を高めています。核実験も、回数を重ねるごとに爆発の威力が増し、九月に行われた五度目の実験では、ついに広島型原爆を上回る爆発力を達成したようです。

北朝鮮は、核実験とあわせて、ミサイルの開発や性能向上に取り組んでいます。今年に入ってからは、潜水艦からのミサイル発射に成功しているようですが、これは、グアムを射程に収めます。日本を射程に収めるミサイルも、命中精度が向上したらしい。さらにこれからやろうとしているのは、アメリカ本土に届く長距離ミサイルの開発です。このミサイル、いわゆる大陸間弾道弾ＩＣＢＭに核弾頭を搭載すれば、アメリカ本土を核攻撃する能力を持つことになります。

北朝鮮は、なぜこんなことを、国際社会からの孤立を覚悟してまでやろうとしているのでしょうか。それは、何よりも、アメリカから攻撃されることを恐れているからだと思います。アメリカから、通常兵器であっても、本気で攻撃されればひとたまりもない。イラク戦争がまさにそうだった。サダム・フセインは、核を持っていなかったからやられてしまったので、アメリカから攻撃されないためには本当に核を持つしかない。これが、北朝鮮指導者の発想だと思います。

言った方は忘れているかもしれませんが、二〇〇二年の冒頭、アメリカのブッシュ大統領は、アメリカに逆らい、大量破壊兵器を保有する独裁国家であるイラク、イラン、北朝鮮を「悪の枢軸」と名指しし、実際にイラクの政権を武力で転覆させました。これは、北朝鮮指導部にとって衝撃的だったと思います。それ以来、彼らは、核・ミサイルの獲得を最優先に進めることになったと、私は見ています。北朝鮮が、「アメリカから防衛するため」と言って核実験を正当化しようとするのは、彼らの視点からすれば嘘ではないのです。

そうはいっても、金正日の時代にはまだ、核をアメリカとの交渉のカードに使おうという意図も見え隠れしていました。彼らは、ミサイル発射のたびに、ハワイもグアムも在日米軍基地も射程に収めていることを強調して、足の長いものから短いものまで、様々なミサイルを「撃ち分けて」います。二〇〇六年七月には、アメリカの独立記念日に七発のミサイルを発射し、同年一〇月のコロンブスによるアメリカ大陸発見の記念日には、核実験を行っています。自分たちの体制をつぶさないと保証しなければもっと核を作るぞ、という外交カードです。

一方のアメリカは、核開発という「悪事にご褒美は与えない」という姿勢を貫き、交渉に応じていません。交渉の前提は核の放棄、ということです。北朝鮮は、交渉の前提は核保有を認めることだと主張する。これでは交渉の糸口はつかめません。

そして、金正日が亡くなり、金正恩の政権になります。経験と実績のない世襲の指導者にとって、独裁を維持することは容易なことではありません。彼は、国内支配のためにも、強い指導者としての実績を示さなければならず、韓国に対する軍事的挑発や、核・ミサイルの実験を繰り返しています。

そして、心配する老練な側近を粛正して、恐怖の独裁を敷いています。今年五月の労働党大会では、核保有を宣言して強い指導者を演出しました。

一方、国民生活は困窮したまま、軍隊にも食糧の自給自足をさせるような状態ですから、彼は、国民はおろか、軍隊の忠誠心をあてにできません。そこで、ますます核と粛正に頼る悪循環に陥っています。いずれにしても、独裁の未来はないのです。アメリカからの安全と、国内における体制の安全のために、核は不可欠のものとなってしまいました。つまり、北朝鮮が存続する限り、核を手放すことはないということです。

こうした現実は、我々にとって不正義でもあり不愉快でもあるのですが、現実として受け止めざるを得ません。そのうえで、今度は、我々がどうしたいのかを考えなければなりません。

実は、私はずっと、北朝鮮の核・ミサイル開発は、対米交渉カードであると考えてきました。その程度の戦力でアメリカに勝つことはできないことくらい、わかっているはずだと思っていたからです。金正恩指導部も、核・ミサイルの成果を喧伝して労働党大会を乗り切り、権力を固めれば、あとは交渉に備えた柔軟な姿勢をとるのではないかという楽観的な見通しをお話したこともありましたが、党大会後もやみくもに核・ミサイルを追求する異常な姿勢を見るうちに、その見通しは間違いだったと思うようになりました。

彼らなりに、本気で核以外ではアメリカを抑止できないと考えて、体制の生き残りをかけて必死なのだと思います。しかし、そういう路線をとれば、国際社会の締め付けは厳しく、乏しい資源を核とミサイルに集中すればするほど通常兵力の維持は困難になり、国民が一層疲弊するのは目に見えています。外敵からの安全を優先すれば、国内での安全が脅かされるのです。

そこで、ますます国内の弾圧を強め、それが政権への忠誠心を蝕んでいく。問題は、そうまでして彼らを核に頼らせる背景に何があるのかということだと思います

●アメリカは何をしたいのか？

北朝鮮の狙いは明白です。アメリカに対して、自分を攻撃すればアメリカの、例えばサンフランシスコを火の海にする、それでもいいのか、と開き直っているわけです。それでは、我々はどうしたいのか。

まず、アメリカはどうしたいのか。このままでは、やがてアメリカに届く核ミサイルが出てくる。それを阻止したいのであれば、核関連施設を爆撃するやり方もある。現に、イスラエルがイラクの原子炉を破壊した前例もあったわけです。しかし、アメリカは、そのような「外科手術的攻撃」には慎重です。なぜかというと、それは、北朝鮮による韓国や日本に対する報復を招くかもしれず、ソウルが「火の海」になる危険があるからです。北朝鮮の報復を防ぐためにすべてのミサイルや大砲を一度に破壊したくても、それが不可能であることは、プロの軍人も認めています。

そこで、アメリカは、制裁を強化しています。しかしこれも、いままで相当なことをやってきても効かないわけですから、どこまで効果があるのか疑わしい。アメリカは、制裁が効かないのは中国が支援しているからだと考えていますので、中国との貿易や金の流れを止めようとしています。しかし、やりすぎると、中国のメンツをつぶし、協力を得られなくなるリスクがあります。

なにより、本当に制裁が効いて北朝鮮の体制がもたないようなことになれば、北朝鮮の人口二〇〇〇万人がいながらにして統治機構を失い、難民になる。統制を失った一〇〇万の軍隊が武装難民となって国境を越えて略奪するかもしれない。このシナリオを、中国も韓国も、最も恐れているのです。さりとて、今の体制に代って北朝鮮を統治するには、おそらく数十万人規模の軍隊を長期にわたって送りこまなければならないでしょう。誰もその負担には耐えられないと思っています。

こうしてアメリカは、軍事行動もとれない、交渉の前提も食い違うということで、一言で言えば、全くの手詰まりの状態だと思います。

一方、韓国では、北朝鮮に対抗して自前の核武装論から金正恩の暗殺まで、様々な強硬策が世論をにぎわせています。北朝鮮と地続きで、三八度線を挟んで軍隊がにらみ合っている韓国が強烈な危機感を持つことは理解できます。しかし、こうした強硬策は、アメリカが認めませんし、成功の保証もない。

アメリカは、韓国をなだめるために軍事演習を行ったり、爆撃機を韓国に派遣したりしていますが、これがまた、北朝鮮側の危機感を高める悪循環になっている。勿論、直接の原因を作ったのが北朝鮮であることは間違いないのですが、その背後には、北朝鮮が感じるアメリカの脅威がある。安全保障は、敵味方双方の認識の相互作用なのです。

●日本は何をしたいのか

日本でも、北朝鮮の脅威を煽るような報道が連日のように流れています。注目したいのは、安倍首相が国内に向けては日本への脅威を強調する一方、国連の場など外交的には、日本への脅威というより北東アジア地域ひいては世界の平和にとっての脅威であることを強調していることです。北朝鮮を包囲して制裁の実効を上げるためには各国の協力が必要で、日本の脅威とだけ言っているわけにはいかない。これは、上手なやり方だと思います。

一六年九月の核実験直後から、イランとの外相会談を行い、自らキューバに飛んで、北朝鮮の制裁に対する協力を求めています。これら二国は、北朝鮮に核に関する技術やミサイルの部品を輸出していることを疑われている国です。

私は、こんなことを思いつく安倍首相という人は、なかなか頭のいい人だと思います。ただ一つ言えば、バカのフリができるほど悪賢くはない。国会での攻撃的な「逆切れ」答弁もそうですし、例えば韓国の元従軍慰安婦が希望している首相自らの謝罪については、「その気は毛頭ない」と拒否しています。これで問題がほとんど完全に解決するのに、そしてタダでできることなのに、「日本は悪くない」というご自分の信念かもしれませんが、そういう芸当ができないところが惜しいと思います。

さて、その日本政府の姿勢は、北朝鮮の制裁を強化するということです。しかし、いくら制裁を強化しても、北朝鮮が核開発をやめるという見通しはありません。政府の基本方針は、「拉致、核、ミサイル」の一括解決でした。そして、飴と鞭の使い分け、「対話と圧力」を使っていく方針で一貫していました。拉致問題については、一四年に北朝鮮が約束した被害者の調査が進まないこともあって、ずっと交渉が中断しています。

対話の方はほとんど行われない一方、圧力という意味では、安保法制によって日米、さらに日米韓の軍事的協力が強化されています。北朝鮮が核を持った以上は、従来よりも抑止力を強化しなければならないという発想は、一見当然のように聞こえますが、一方でそれは、拉致・核・ミサイル問題の解決にはつながりません。

北朝鮮の核保有は、世界的な核不拡散体制の下では何の正当性もないのですから、それを認めることはあり得ません。しかし、事実として核を持ってしまった。これにどう対応するかというのは、難しい課題です。同時に、その核が、使われないようにするにはどうするか、ということも併せて考えなければなりません。

私は、北朝鮮の核・ミサイルとは、仕事上、長年の付き合いがありました。九八年八月のテポドンといわれるミサイルが東北地方の上空を通過した時には、防衛庁の情報本部にいて、ミサイルの性能分析をしました。〇六年の実戦的ミサイル発射訓練と核実験、〇九年のハワイに向けたミサイル発射とその後の核実験は、官邸の危機管理担当として関わりました。その経験から、北朝鮮の核・ミサイルの技術水準は、まだまだ直接の脅威になるレベルではないという印象を持ち続けていたのです。今までの北朝鮮の核実験についても、地震の規模からみて、十分なエネルギーが出ていないと思っていたからです。

ところが、今年九月の実験では、マグニチュード五に相当する地震を観測しています。これは、広島型原爆を若干上回るものですから、小型の核弾頭としては十分な威力があります。

さらに、九月に行われたノドン又は改良型スカッドといわれるミサイル発射については、三発同時に撃って、日本海のほぼ同一地点に着弾させています。北朝鮮は、いよいよ技術的なブレーク・スルーを克服したように思えます。勿論、実戦で使われる兵器として完成させるためには、まだ多少の年月を要すると思いますが、技術的困難の節目を超えたとすると、あとは時間と資源の問題です。

そういうわけで今さらですが、これは本気で何とかしなければならない段階に入ったと感じています。それなのに、なかなか有効な道筋が見えてこない。これまでの国際的な制裁が北朝鮮を止められなかったのですから、同じ文脈で制裁を続けても、多分止められない。やがて北朝鮮は、命中精度が上がり、敵に位置を知られない残存性を持った、より洗練されたミサイル戦力、そして、最低七、八発――北朝鮮はこれまで自国の原子炉を運転して核弾頭七、八分に相当するプルトニウムを持っていると言われています――には、核を積んでいるかもしれないミサイル戦力を完成させると考えなければなりません。

そこで私は、悩んでいます。一体どうすればいいのかと。そこで気が付いたことは、我々は一体何がしたいのかということです。勿論、北朝鮮に核を放棄させることが理想です。しかし、そのためのハードルは高い。実際、北朝鮮が体制の切り札である核を手放すとは考えられません。あるいは、制裁を通じて北朝鮮の体制が立ち行かなくなる瀬戸際まで追いつめて妥協するのを待つのか。しかしそれはそれで、北朝鮮がいわゆる「暴発」し――「暴発」の中身はわかりませんが、多分、体制のコントロールが効いている限り、自らを滅ぼす戦争にはならないと思いますが――、ミサイルの一発や二発は撃ってくるかもしれない。どちらにしても、制裁だけではうまくいきそうもありません。

言うことを聞かない相手にこちらが望むことをやらせようとするとき、とるべき方法は二つです。一つは強制すること、これには、戦争してやっつけることや戦争するぞと脅すという、とにかく武力による強制と、経済で締め上げる制裁というやり方があります。

もう一つのやり方は、「それを止めればこんないいことがある」という、利益で誘導するやり方です。

我々が目指す目標は何なのか、核を持った相手から攻撃されたらやり返して「戦争に勝つ」ことなのでしょうか、それとも、北朝鮮を交渉の場に引っ張りだして、何らかの形で「問題を解決する」ことなのでしょうか、そこをもう一度原点に帰って考えなければならないと思います。

●抑止力の限界・核の傘の限界

日本の中には、北朝鮮が核保有まで来てしまったのだから安保法制を作っておいてよかった、という雰囲気があります。それが多数の感覚かもしれません。安保法制の目指すものは、日米の軍事的一体化による抑止力です。しかし、本当にこれでいいのだろうか、今のうちに考えておく必要があると思います。

そもそも、抑止力とは何か。例えばミサイル防衛は、相手がミサイルを撃っても、こちらは撃ち落とすから無駄なことをするな、というメッセージを出そうとしているわけですが、これは、相手の目的を拒否できる能力があるという意味で「拒否的抑止」と言われています。安保法制では、アメリカの軍艦を自衛隊が武器を使って守ることができるようになりましたが、これは、アメリカの軍艦を攻撃しようとする相手の目的達成を妨害する意思と能力を示すことにより、アメリカの軍艦への攻撃の意図を打ち砕こうとするもので、拒否的抑止の部類に入ります。

しかしそれでは、相手が多少の損害を覚悟してでも目的を達成しようとすることを防げないでしょう。ミサイルの例で言えば、一〇発撃って九発落とされても、一発届けばいいと考えれば、それは防げない。あるいは、ミサイルがダメならゲリラを上陸させて破壊工作をするかもしれない。とにかく、守りの弱いところを突いてくるわけですから。

そこで、攻めてきた敵を追い払うだけではなく、倍返しにして報復するというメッセージが必要になるわけです。一種の脅しですが、これによって相手に戦争を思いとどまらせる、これを「報復的抑止」あるいは「懲罰的抑止」と言います。専守防衛を旨としてきた日本の自衛隊にはその能力はありませんから、アメリカにその役割を負ってもらうことになります。アメリカのミサイルが飛んでいく、爆撃機が爆弾を落とす、ということです。

これを北朝鮮の側から見れば、だからアメリカを思いとどまらせなければならない、ということになる。そして、それを防ぐためにどうするか。通常兵器では勝ち目はありませんから、核弾頭を積んだミサイルでアメリカを狙う。

アメリカの反撃にあって自分も滅びるでしょうが、そのかわり西海岸のどこかの都市を「火の海」にする。アメリカは、北朝鮮全体の運命と自国の一つの大都会の運命とどちらを大事にしたいのか、というメッセージです。これは「最小限抑止」といわれていますが、要するに弱者の命がけの脅しです。北朝鮮の狙いは、まさにそこにあります。

ただ、核兵器が現れてから今日まで、これを実行した国はありません。貧困国の一発の核で超大国が抑止されるかもしれない、そんな状況に直面すれば、核の傘って一体何なんだ、という疑問もわいてきます。

「核の傘」は、アメリカの抑止力の最も究極の形でしょう。アメリカは、折に触れて同盟国に対する核の傘を強調します。それは、いざとなったらアメリカが核を使うということを意味しています。使う能力と意志があるから、相手を威嚇して戦争を防ぐ抑止力が生まれるのですから。しかし、ちょっと待ってください。アメリカが核兵器を使うことを、日本人は、本当に望んでいるのでしょうか。「過ちは繰り返しません」という広島の原爆慰霊碑の言葉は、日本でなければ繰り返していいという意味だったのでしょうか。

それは、センチメンタリズムかもしれません。では、徹底したリアリズムの立場に立って考えてみましょう。まず、北朝鮮を核で攻撃すれば、日本周辺への環境的汚染は免れません。戦争となれば一発や二発ではないので、その影響は長く、地球規模になると考えるべきでしょう。

それは覚悟するとしても、アメリカが核の傘を実行するということは、先制攻撃でなければ同盟国に対する攻撃への報復ですから、日本にミサイルが着弾していることが前提です。日本人は、自分の国が攻撃されてもアメリカが報復してくれてよかった、と思うことができるのでしょうか。それが、核の傘を頂点とするアメリカの抑止力に依存することの論理的帰結です。

そういうことが起きないための抑止力だというのが、安保法制の発想です。しかし、戦争をする意志と能力があって、それを相手が認識し、恐れ入って初めて抑止が成り立つのですから、「安保法制でアメリカを守れるようになった。日米一体化してアメリカに期待できるから戦争にならない」という論理は、誠に手前勝手な願望にすぎません。決してリアリズムとは言えないと思います。現に、日米一体化路線の下で、北朝鮮の核開発は何ら「抑止」されてきませんでした。

●なぜ日本にミサイルが飛んでくるのか

これまで、日本が攻撃される前提で考えてきましたが、そもそも日本はなぜ攻撃されるのでしょうか。日本と北朝鮮の間に領土問題はありません。過去の植民地支配はあったけれども、法的な意味での戦争状態にあったこともありません。また韓国と違って、北朝鮮には日本の一部を占領・併合しようとする政治的動機もありません。

その北朝鮮が、いかなる動機で日本にミサイル攻撃を仕掛けるのでしょうか。これは、私が現役の防衛官僚であった時代からの問題ですが、防衛の仕事は、相手が攻めてくることを前提にしていますので、なぜ攻めてくるかを深く考えたことはありませんでした。今、あらためてそこを考えると、大変悩ましい考えが浮かんできます。

古来、戦争の動機は、恐怖と名誉といわれてきました。ですから、領土問題がなくても国家が恐怖にかられれば、あるいは国家としての名誉を傷つけられれば戦争になる可能性があるのだと思います。そもそも領土問題にしても、主権という名誉のぶつかり合いということかもしれません。

自分がやられるかもしれない恐怖、それは、日本から見ればミサイルが飛んでくることなのでしょうが、相手から見れば、日本というよりアメリカから攻められる恐怖です。そのアメリカの基地が目の前にあるから恐怖を感じるのだと思います。そのように考えると、何のことはない、アメリカの基地があり、そこからアメリカが北朝鮮を攻撃するかもしれないという恐怖が、北朝鮮をして核・ミサイル開発に走らせているのではないか、という結論に行きついてしまいます。

アメリカの基地があるから日本が攻められる。私が「悩ましい」と言ったのは、それを受け入れれば、日米安保条約を何とかしない限り日本が安全ではない、ということになるからです。しかし、多分それは、ある程度事実なのだろうと言わざるを得ません。

●日本は何をすべきなのか

国際情勢は、確かに変わった。集団的自衛権容認の背景には、冷戦のころと違って、アメリカが基地提供だけの見返りとして日本を守ってくれることはなくなり、日米が一体化しなければならなくなったという認識があるのだと思います。それは一つの考え方です。しかし、それが相手に正しく伝われば抑止になるのか、あるいは日本も北朝鮮を攻撃する脅威として受け止められるのかを考えなければなりません。

もう一つの考え方は、アメリカが自動的には日本を守らないという前提に立って、自主防衛に徹するというやり方です。しかし、アメリカに依存している核を含む報復的抑止力を自前で持つことは不可能でしょう。反対に、日本が武装解除すれば相手も安心するでしょうが、こちらが弱ければ何をやってくるかわからないのですから、そうもいかない。こうした二つの極論は、とりあえず論外にしましょう。

日本は、戦後一貫して自ら他国の脅威とならない専守防衛に徹し、その一方で他国の脅威となるアメリカの軍事力を「抑止力」として受け入れてきました。今問われていることは、他国が恐怖に駆られて日本、もっとはっきり言えば在日米軍基地を攻撃しない程度の抑止力を、いかに構築していくかということだと思います。

私自身、まだ結論を言うことはできませんが、いずれにせよ、カギは兵力水準というよりも、意図の明確化にあると感じています。抑止は、攻めてきたら倍返しにするというこちらの意志と能力を相手が認識することで成り立つのですから、逆に、攻めていかなければこちらから攻められることはないという認識と「うらはら」の関係にあります。相手に攻撃させないことが抑止の目的ですから、攻撃しなければ報復されないという安心感を与えることも、抑止の一部なのです。

その部分では、日本にもやれることがある。例えば、核の先制不使用――オバマ大統領がこれを宣言するのに対して日本と韓国は反対したようですが――をアメリカが宣言すれば、北朝鮮は、核を使わなくてもいいと考えるかもしれない。あるいはもっと進んで、先制攻撃はしないという宣言をすることによって、核保有の動機をなくすことができるかもしれません。勿論、抑止とそれを打ち破る核という相互不信の悪循環が続いている中でいきなり成果を求めるのは難しいでしょうが、交渉の糸口をつかむためには、こちらから、脅しではなく安心を与えるアクションがなければならないと思います。足りなかったのは、脅しではなく安心供与だと思います。

日本自身は、アメリカと完全に一体化するのではなく、日本の基地からの先制攻撃には反対であることを明示するとか、特に自衛隊は、今まで通り専守防衛に徹する姿勢を明示しなければなりません。それは、北朝鮮への包囲網を弱めると思われるかもしれませんが、実は、北朝鮮に一定の安心感を与えて抑止の実効性を支える意味もあるのです。

それから、拉致や経済交流あるいは過去の清算といった二国間関係もあります。これも、核・ミサイル開発をめぐる相互不信の中では、交渉は難しいのですが、核・ミサイルとは別の問題として取り組まなければなりません。拉致・核・ミサイルの一括解決ではなく、特に拉致被害者とご家族の高齢化が進む状況を考えれば、政府には、核・ミサイルと切り離して交渉する知恵を早急に考えてほしいと思います。

北朝鮮の体制に同意することはできません。しかし今、我々に問われている根本的な問いは、その北朝鮮が核を持ったという不愉快な現実を前にして戦争に勝つように備えるのか、それとも様々な問題を解決しようと行動するのか、という選択だと思います。

弾道ミサイル防衛と邦人救出について

渡邊隆（元陸将）

弾道ミサイル対処と邦人救出の問題は、どちらも我が国、国家、国民にとって喫緊の課題だと思っておりますが、他の問題と比較してあまり話題となることが少ないという気がしております。集団的自衛権や憲法の問題と比べても、国会でこの問題が大きく取り上げられて議論が噴出するということではなく、時々出てくるというようなものと思います。

その原因の一つは、どちらも専門的な知識が必要だということもあります。しかし、実はそれほど難しいものではありませんで、むしろ、この種の問題を見ていく上で必要なのは、その背景や見方、視点の問題なのかなと考えております。

我々は普段、安全に暮らしていて平和な状態ですが、実は国際社会はそのような状態ではないということを認識する必要があります。よく言われるのが国際社会は基本的にアナーキーである、すなわち、誰かが何か悪いことをしても、それを警察のような形で取り締まる存在は国際社会には無いということを、まず大前提として考えておく必要があろうかと思います。

1、ミサイル防衛について

●北朝鮮のミサイル開発の事実経過

ミサイルの技術で人工衛星を打ち上げることもできます。弾道ミサイルとロケットは実はどちらも同じことです。弾道ミサイル対処というと、真っ先に北朝鮮のミサイルをどうするのかということを思い浮かべるのですが、実はそれだけではありません。

とはいえ、北朝鮮の核・ミサイル開発は喫緊の課題です。一九九三年のノドンミサイルの発射に始まり、二〇一六年の今年まで北朝鮮は活発に動いております。

一九九三年にノドンミサイルを発射した後、北朝鮮はNPT（核拡散防止条約）という条約機構から脱退することを発表しました。しかし一九九四年、米朝枠組み合意がなされ、軽水炉というプルトニウムを出さない発電施設を作ることを前提に、NPTからの脱退を保留しました。

一九九八年にテポドン1が日本の上空を飛来して太平洋まで飛びました。二〇〇三年には北朝鮮はNPT、核拡散防止条約から正式に脱退します。以後、二〇〇五年に核保有宣言をし、核実験が二〇〇六年。二〇〇九年にはテポドン2の発射と核実験を致します。こう見ると、ミサイルの発射と核実験というのはほぼ同時期、同年に行われていることがよくわかると思います。

二〇一六年、人工衛星打ち上げ用と称するロケットが打ち上げられて、人工衛星が軌道に乗りました。アメリカのNASAが確認をしているので間違いはないと思います。また、核実験と称する実験が四回目になりますが行われています。これがざっと見たこの十数年の北朝鮮の動きです。

一九九八年、二〇〇六年、二〇〇九年のミサイルは、東に向かって飛んだので、日本の上空を通過することを目的に発射されているように見えます。しかし実はそうではありません。東に向かってミサイルを発射するのは、地球が西から東に回転をしていて、回転の力を利用すると打ち上げが非常に楽になるという科学的な原因に基づくものです。

普通、我々が目にする世界地図は平面ですから、日本上空を通過するミサイルは、アメリカまで行くと思いがちです。しかし、地球儀を見れば分かることですが、北朝鮮からアメリカに脅威を与えるようなミサイルを撃とうとすれば、即ちアラスカやワシントン、ニューヨークに到達させようとすれば、北極海経由でミサイルを撃ちますので、日本上空を通過するようなミサイルはないということです。ハワイに向かうミサイルだけが日本上空を飛ぶわけですが、非常に小さな点目標である島に向かってミサイルを撃つというのは、それなりの脅威はあるかもしれませんが、戦術的、戦略的には有効ではないという感じがします。

北朝鮮は、最近南に向けてミサイルを撃ちました。北に向かっては撃てないんです。それは、北にはロシアや中国があるからです。しかし、南に撃ったミサイルをそのまま一八〇度向きを変えてやれば、そっくりそのまま北に向かって撃つというものになる。

これらが北朝鮮のミサイルの基本的な知識です。

●核弾頭を搭載できる能力があるかどうかは分からない

ノドンと呼ばれるミサイルの射程は約一三〇〇㎞です。北朝鮮は相当数、ノドンを持っております。

ノドンだけで日本全国ほとんどカバーできておりますので、実はテポドンが脅威なのではなく、ノドンこそが日本にとって最大の脅威だと言えると思います。

一方、アメリカにとってはノドンは脅威ではありません。届かないわけですから。アメリカが脅威なのは、射程一万キロ以上のミサイルです。北朝鮮のテポドン2は現在のところ射程六〇〇〇kmぐらいではないかと言われています。

ここで、我々の現状認識、脅威認識を明確にしておきたいと思います。北朝鮮が射程五〇〇〇km以上の中距離弾道ミサイルを所持していることは確実です。そして、ミサイル開発と核開発は不離一体のものです。ミサイルに核弾頭を積めるかどうか——ミサイルにつけて飛ばさなければ本物の脅威にはなりませんから——、すなわち、北朝鮮が核ミサイルを持っているかどうかですが、ここのところは実は分かりません。それは核を小型化するという極めて高度な技術が必要だからです。核を持っていることと人工衛星を打ち上げるだけの力があること、これが国際社会における力、パワーなのです。

●日本の対応、国連の対応

日本や世界がどのように対応しているかということですが、日本の対応はどうかというと——はっきり言ってあたふたしているというところかもしれませんが——、日本政府は北朝鮮のミサイルをこのように言っています。「北朝鮮の人工衛星打ち上げ用ロケットと称する事実上の長距離弾道ミサイル」——、これが日本政府の正式な言い方です。単に北朝鮮の弾道ミサイルと言っても、人工衛星打ち上げ用ロケットと言っても同じことですからいいのですが、日本政府はこのように持って回った言い方をしています。これが日本の対応をよく象徴していると思います。

国連安保理はもっと積極的な施策を打っています。二〇〇六年七月五日に北朝鮮が行ったテポドン2など七発のミサイル発射を受けて、弾道ミサイル計画に関するすべての活動を停止しなさいという安保理決議一六九五が出されています。北朝鮮はこれを無視をして、更に一〇月に核実験を行ったものですから、安保理決議一七一八で、いかなる核実験または弾道ミサイルの発射もこれ以上実施しないこと、過去のことはさておいても、これ以上そういうことを行ってはいけないということを、国連安保理は決議しているのです。これに伴い、北朝鮮への贅沢品の禁輸などの制裁措置もあわせて行っています。これが現在の北朝鮮に対する国際社会の対応と言えると思います。

●ミサイル防衛システムの概要

次に、我が国の弾道ミサイル防衛（ＢＭＤ）を簡単にご説明申し上げたいと思います。

我が国はそれまでミサイルに対抗する有効な手段を持ち得ませんでした。なんとかしなければいけないということで、平成一六年に弾道ミサイル防衛（BMD：Ballistic Missile Defense）システムの整備を開始しました。平成一七年には自衛隊法の所要の改正を行って、安全保障会議と閣議により、弾道ミサイル防衛用能力向上型迎撃ミサイルを日米共同で開発するということを閣議決定致します。これに基づいて今の具体的な自衛隊のいわゆるミサイル防衛システムは作り上げられております。

システムの概要は次のようなものです。

まず、弾道ミサイルが北朝鮮と言わず、どこかの国で撃ち上がったならば、アメリカの早期警戒衛星が探知します。

日本に落ちるかもしれないという状態になると、日本国内にある専門のレーダーを使ってミサイルを探知します。ミッドコースと言いますが、ミサイルというのは成層圏を抜けて軌道に乗ります。まずその軌道に乗っている状況で、イージス艦から発射したミサイルによってこれに当てようとします。もしこれを逃れて、日本の大気圏内に再突入をした時は、航空自衛隊のＰＡＣ―３（ペトリオット）というミサイルで撃ち落とそうとします。もしそれも逃れて実際に落ちた場合は、自衛隊を使って災害派遣で被害を復元する活動をします。これが全体のミサイル防衛の仕組みです。

●イージス艦とペトリオット

ミサイルを探知するレーダーがあります。怪獣のガメラのような甲羅を乗っけているので、通称ガメラレーダーと言います。弾道ミサイルの探知と追跡を目的としたレーダーと思って下さい。これは東京近辺にはなかなかありません。
イージス艦では、多くのミサイルが一列に並んで置かれています。何発ものミサイルがほぼ同時にあっという間に発射されます。いくら相手からミサイルを撃たれても、それぞれの迎撃ミサイルが相手の個々のミサイルに向かって飛んでいくというシステムになっています。非常に高額なシステムです。
ＰＡＣ―３もミサイルです。
その他にＪ―ＡＲＡＲＴ（ジェイ・アラート）と言いまして、国民の生活に直接影響するような、例えば「今から北朝鮮のミサイルが落ちるかもしれませんよ」などという放送が日本全国で一斉に流れるシステムを総務省が作っています。J-ARTというシステムはミサイルだけではなくて、大規模地震が起こった場合などにも自動的に作動するようになっています。

●破壊措置命令をめぐって

弾道ミサイル防衛をめぐっては、いろいろな問題があります。

二〇〇五年に自衛隊法が改正されました。自衛隊法第八二条の3の1項ですが、以下のようになりました。

「防衛大臣は、弾道ミサイル等が我が国に飛来するおそれがあり、その落下による我が国領域における人命または財産に対する被害を防止するため、必要があると認めるときは、内閣総理大臣の承認を得て、自衛隊の部隊に対し、我が国に向けて現に飛来する弾道ミサイル等を我が国領域または公海の上空において破壊する措置をとるべき旨を命ずることが出来る」

これはあくまでも「破壊をしなさい」という命令です。日本では国会の承認がなければ戦争をすることが出来ません。しかしそれでは、短時間で落ちてくるミサイルに対処することはできません。あくまでも防衛出動が下令されていない普通の状態で、ミサイルを落とすために、なんとか知恵を絞ってこういうことを考えたんです。これは破壊措置命令と言われています。

ただし、ミサイルが飛んでくるまではほんの数分ですから、ミサイルが発射され、大臣の許可を頂いて、総理の承認を得てなどとやっていたら、もうミサイルがどこかに落ちていることになります。

そこで、緊急の場合における我が国の領域における被害を防止するために、あらかじめ自衛隊の部隊に対して同項の命令をすることが出来るという但し書きが付いています。PAC−3の配備や日本海側にイージス艦が展開するというのは、この命令に基づいているわけです。

北朝鮮が弾道ミサイルを撃とうとすれば、その前に液体燃料を注入しなければいけません。液体燃料は非常に不安定な燃料ですので、入れてしまうと、もう撃つしかないのです。したがって、燃料を注入すると、近々間違いなく撃つだろうということが分かります。これは偵察衛星で分かるようになりますので、そういう事態になると自衛隊法第八二条の3の3項にある「あらかじめ、自衛隊の部隊に対し、同項の命令」を発して、部隊が待機体制に入ります。

以上が今、実際に行われているミサイル対処の実態です。

●ミサイル防衛の技術的な実行可能性

ミサイル防衛をめぐっては、課題がいくつかございます。

国立国会図書館「調査と情報」第六四三号では、次のような課題をあげています。①技術的な実行の可能性、②費用対効果、③集団的自衛権、④敵基地攻撃、⑤武器輸出三原則、⑥宇宙の平和利用、以上です。

一つ目は技術的な実行の可能性があるかどうかです。即ち、飛んでくるミサイルをミサイルで撃ち落とすということがそもそも可能なのかどうかという問題です。

それは不可能ではないと申し上げたいと思います。非常に技術が発達して、飛んでくるミサイルを撃ち落とす為のシステムが作られていることは事実です。日本もこの実験へ参加しております。今まで一八発中、一四発成功したとアメリカが言っています。ペトリオットに至っては、二九発中、二〇発が成功したということです。これを命中率に致しますと七八％と、六八％です。

これは一方で、裏を返せば、一〇発撃ったら三つぐらいは外れるということです。一〇〇発一〇〇中ではありません。だんだん精度が上がってはきているにしろ、いずれにせよ飛んでいるミサイルを撃ち落とすというのは非常に技術的に難しいということは言えるだろうと思います。

●費用対効果その他の課題

二つ目は費用対効果です。

このシステムを開発するために日本がどのくらいお金を使っているか。実は既に一兆五八〇〇億円を使っています。日米共同で使っているこの兵器のシステム開発に日本側だけでそれだけのお金が使われているということです。今はＴＨＡＡＤ（サード）ミサイルという地上型の弾道弾迎撃ミサイルもどうかという話がありますので、この予算はどんどん大きく膨れ上がるだろうと言われています。そもそも、それだけのお金を投入してやるだけの価値があるのかどうかという、その辺の議論が今まで詳細になされているのかどうか。あまり議論にならなかったという感じがします。

三番目と四番目は、集団的自衛権と敵基地攻撃（個別的自衛権）が焦点です。また、五番目の武器輸出三原則は、日本が開発した武器は他国に輸出してはいけないというものです。当然、日米共同で開発したこのシステムが第三国に流れることは、この原則に基づかないことになるわけですが、実は内閣でこれを対象外にするということを決めています。

六番目は宇宙の平和的利用です。宇宙の軌道上にあるミサイルを撃ち落すわけですから、日本が基本的に定めている宇宙を平和的に使うという原則から外れています。これも宇宙開発基本法という法律で、純粋な防衛的なものであれば許されるのだという法的な枠組みが最近になって出来上がっています。したがって、課題の五と六は解決されています。

●敵基地攻撃の能力をめぐる問題

安全保障法制の改正の中で問題になったのは二つあります。一つは、アメリカに向かっているミサイルを日本が撃ち落すことが出来るのかどうかという、まさに集団的自衛権の問題が一つです。

もう一つは、ミサイルをミサイルで撃ち落とすようなことをする前に、そもそも敵のミサイル基地そのものを攻撃して潰してしまえば良いのではないかという問題です。これは、敵基地攻撃と言います。実はこの問題は個別的自衛権の問題です。今回の安全保障法制の改正に基づいて、存立危機事態というものが出来上がりました。いわゆる国民の生活、安全を根底から覆すような事態があれば、それは個別的自衛権で対応するというのが政府の解釈です。これはまさにこの事態に当てはまります。

ただ、現実問題として、敵基地を攻撃して、これを潰すことが出来るかどうかというのは、純粋な軍事的な技術の問題です。その能力が我が国にあるかというと、我が国の防衛大臣は国会でこのように答弁しています。「誘導弾等の基地を叩くことは、法理的には自衛の範囲で可能であるが、一方で、我が国は現時点において、敵基地攻撃を目的とした装備体系は保有していない」。防衛大臣は言外に「アメリカにここの部分は期待をするんだ」という言い方で答弁をされております。
このような全般的な背景を押さえた上で弾道ミサイルを考えていく必要があります。北朝鮮のミサイルが喫緊の課題であるにしても、これはかつて脅威であった昔のソ連、現在のロシア、あるいは中国も同じなのだということを考える必要があります。

●国民にオプションを提示し、議論することが大事

以上のようなMD（ミサイルディフェンス）が本当に必要かどうか。もし私が制服を着た現職自衛官であれば、どのような立場であっても、絶対に必要ですとお答えしただろうと思います。ただ私は辞めてOBになっておりますので、本音を言わせて頂くと、MDが必要であるかというよりも、MDが本当に具体的に実行出来るのかどうか、実行の信頼性について非常に疑問と言いますか、そこが大事なのではないかと思っております。

ただ、MDの他に弾道ミサイルに対処する具体的な方策を我が国が持っているかと言われると、実はMD以外に何も持っていません。もし、例えば、我が国が特殊部隊を現地に送り込むことはいつでも出来るであるとか、いつでも爆撃機を飛ばして、相手の基地を叩いてしまうことが出来る能力を持っているだとか、そういういろいろなオプションの中の一つとして選ぶことが出来るのであれば、MDというのは非常にお金のかかるオプションだろうと思います。ただ、他のオプションが何もない状況で、そのオプションしか選ぶことができないのであれば、いくら高かろうが、不確実であろうが、とりあえずそれに頼っていくというのが、今の一つのオプションなのかなと思います。

むしろ、私は国民の前にいろいろなオプションを提示してみせることこそが、政治の役目なのではないかと思ったりもしております。それを国民自身が考え、議論し、選択することが大事ではないでしょうか。

2、在外邦人救出（在外自国民保護）

次のテーマは在外邦人救出という問題です。自衛隊はそのための訓練を実際にしております。ただ、「在外邦人救出」という言葉は世界的には通用しません。世界的には「在外自国民保護」という用語が適当だろうと思います。アメリカでは、戦闘員ではない者、非戦闘員を安全にエバキュエート（evacuate）避難させるという軍事オペレーションを、「非戦闘員退避活動」（ネオ・Non Combatant Evacuation Operation：NEO）という言い方で軍事的に区分しております。

●在外邦人、海外渡航者の現状

在外邦人を救出する上で我々が認識しなければいけないことがあります。それは、昔と今ではだいぶ変わったということです。

そもそも在外邦人がどのぐらいいるか、実は意外と多くおられます。一二九万人の方々が在外邦人として数えられています。在外邦人の定義は国外永住者と長期滞在者です。ずっと外国にいる日本人、もしくは永住を決意された方です。日本国籍は持っているがその国の国籍になった人は含まれません。

日本国籍を持って長期的に海外で生活をされている方が一二九万人おられるということです。地域的な区分は北米三七％、アジア二九％、西欧一九％、その他という形です。安全ではない地域でも多数の方が生活をしておられます。

在外邦人の一二九万人以外に、旅行をされている方がいます。年間一六九〇万人が海外旅行や出張などで短期的に海外に出ています。五日以内五九％、一〇日以内二六％、二週間五％、その他という区分なのですが、五日以内、一〇日以内が八割を占めます。

一六九〇万人と言うと日本人の一三・三％、七・五人に一人が海外へ出ているということになります。一日あたりに換算すると四万六三〇〇人の方々が毎日海外へ出ているということです。これは非常に大きな数です。この数の方々を保護するといいますか、ケアをするのが外務省の在外公館と言って、トータルで二〇七、大使館は一三九です。この数が多いのか少ないのかは議論のあるところだろうと思います。

その他に企業の海外進出は六万九〇〇〇拠点ありますので、多くの企業が海外に活動拠点や生産拠点を持っておられます。その半分、四八％は中国にあるわけですが、日本の資本、資産、アセットが海外に多くあるのだ、というのが実態です。

●在外自国民保護の法的根拠と政府見解

在外邦人保護に該当する事例は過去に幾つかあります。

一九七二年のダッカ日航機ハイジャック事件。一九八五年のイラン・イラク戦争時のイラン国内邦人二一五名の救出。一九九六年のペルー日本大使館占拠事件、これは日本大使館そのものがいわゆる過激派に占拠されて、一〇〇日ぐらい人質の状態になっていたという事案です。それから記憶も新しいのですが、二〇一三年のアルジェリアの天然ガスプラントのあるイナメナスという地域でおこった襲撃事件です。つい最近ですが、三二名の方々がお亡くなりになっていますが、そのうちの三分の一、一〇名が日本人です。二〇一五年にはイスラム国による日本人ジャーナリストの殺害事件がありました。在外邦人保護に該当する事例はこれほど多く起こっているということです。

政府は今回の安全保障法制の改正に伴って、五つの事態が邦人救出に該当すると定義付けました。ハイジャック、大使館の占拠事案、救出する輸送経路がバリケードなどで妨害にあった場合、集合場所にいる途中で邦人が誘拐されたり暴徒に取り囲まれるというものです。まさに過去に起きた事例をそっくりそのまま当てはめているということです。

ただし、在外自国民の保護に関する国際基準はありません。そのための具体的な行動を律するような国際的な取り決めや枠組みはない、ということをまず押さえておかねばなりません。

在外自国民を保護する法的根拠の考え方は二つあります。一つは、在外自国民の保護はその国の自衛権に基づくものだという考え方、つまり積極的に認める考え方です。もう一つは、自衛権ではないが、それをやったところで国連憲章など国際法には反しないとして、つまり消極的に認める考え方です。我が国がどちらに立っているかというと、実は二つ目の立場です。

政府の見解は、在外自国民保護のために武力を行使することは、国際法上の当否は別として、我が国の憲法上は自衛権の行使としては許されないというものです。在外邦人への攻撃は国家への武力攻撃には該当しない、すなわち外国の地で日本人のいる場所が攻撃されたとしても、それは国家に対する武力攻撃に該当しないと解釈します。ですから、それに対して自衛権は発動しないというのが、従前からの政府の基本的なスタンスです。

●領域国の同意に基づく邦人救出と外務省の仕事

ただ、今回の安保法制では、アルジェリアの事案を受けて、政府は何とかしなければいけないと考えたのだと思います。安倍首相は、「日本人がテロリストに捕われても、今の法体系では自衛隊は何もできない。完全武装した自衛隊が地元の警察を呼ぶことになるので、このような事案が解決出来るのではないか」と述べました。こうして政府は、在外自国民保護を自衛隊による警察権の代行とみなし、憲法九条が禁じる海外での武力行使に当たらないと解釈しています。

ただし、警察権は海外には及びません。そもそも警察権は「統治行為」です。「統治行為」は自国の領域を超えて及ぶことはありません。テロリストが海外で日本人を誘拐したり、殺害したりすれば重大な犯罪ですが、日本の警察が入って取り締まることはできないということです。

けれども、事前の協定や条約があれば別です。事前の協定や条約がない中で、警察が海外に行って在外邦人を保護する、犯罪を取り締まるということは基本的にできないということをまず頭に置いておいて下さい。

では、在外邦人の保護は誰が責任を持つのか、所掌するのかというと、外務省です。外務省が何をやっているかというと、具体的な保護施策はありません。ただ一つだけ、在外邦人の安否確認も外務省の仕事なのですが、「たびレジ」というシステムがあり、海外旅行に行こうとすると、外務省が「たびレジ」に登録して下さいと言うことになっています。

実は、アルジェリアで一〇名の方が亡くなった時、そこにどなたがいるのが分からなかったのです。それまで外務省は三か月以上の長期に滞在する旅行者は登録させていたのですが、短期の旅行者は登録させていなかったのです。実際、年間一〇〇〇万人以上が海外に行くのに、いちいち登録していたら大変なことになります。

しかし、アルジェリアの事案以降、「たびレジ」というシステムを作って、短期であっても外務省に登録して下さい、登録がないといざとなった時に安否確認が出来ませんよ、ということになりました。外務省の仕事は安否確認です。在外邦人を助けることは外務省の仕事ではありません。

在外自国民保護に関しては、世界各国も独自に行動しています。ヨーロッパはEUという共同体をつくっていますので、共同的に対処することもありますが、基本的にはそれぞれの国が独自に行動しています。なぜかというと、先ほど述べたように、国際的な基準がないからです。

アメリカなどは事前通告なしで軍を派遣します。イランのアメリカ大使館がテロ集団に占拠されて、大使館職員が多く人質になった事案がありますが、アメリカは事前通告もなく軍を差し向けました。途中で失敗をしたことで初めて世界中が知ったのですが、そういうことを軍事大国は行います。イスラエルという国は、ウガンダのエンデベという空港に軍を派遣して、ハイジャック事件を解決したことがあります。これも事前通告はありませんでした。

●自衛隊によるトラック輸送を可能にする自衛隊法の改正

今回の安全保障安全法制では、自衛隊法の改正が行われています。従来、在外邦人等の輸送は自衛隊法第八四条3項に記載されていました。これは輸送するだけです。しかも飛行機と船だけしか使いませんよということでした。

今回、トラックなどの陸上輸送もやりますという改正がなされて、「輸送」という言葉が「保護」という言葉に変わりました。生命または身体に危害が加えられる恐れがある邦人の保護措置を自衛隊の部隊等が実施出来るようにする、という改正がなされております。所掌は外務大臣ですから、外務大臣の要望、依頼に基づいて、自衛隊が邦人の警護、救出その他の当該邦人の生命または身体の保護のための措置（輸送を含む）、そのようなことが法的に出来るシステムになりました。

在外邦人を保護するため自衛隊が派遣されるには三つの条件があります。

一つ目。権限ある当局、つまりその現地の国の警察などの機関が、秩序の維持に当たっていて、戦闘行為が行われていないことです。

二つ目。当該国が同意をしていること、受け入れを表明していること。

三つ目。予想される危険に対して、外国の権限ある当局との間の連携及び協力が確保されると見込まれることです。外国の権限ある当局との連携とは何かと言うと、同盟国や国連などのことです。

●武器使用のための規程が加わった

自衛隊法八四条3項の改正に伴って、自衛隊法九四条の5項の武器の使用についても新たな項目が付け加わりました。保護措置において、自衛官はその職務を行うに際し、自己若しくは当該保護措置の対象である邦人もしくはその他の保護対象者――日本人だけではなくて、そこにおられる外国人の方も当然助けます――、もしくは身体の防護またはその職務を妨害する行為の排除のため、やむを得ない場合には武器を使用することが出来るという項目が付け加わりました。

武器の使用が出来るということですから、よく「これで自衛隊はどんどん海外に出て行って、武器を使って邦人を救出することが出来るようになりましたね」と言われます。しかし、そういうことではないのです。いわゆる正当防衛・緊急避難以外では、相手に危害を加えてはいけないという但し書きが付いています。ですから武器は使いますが、自分が撃たれない限り相手に向かって撃ってはいけないという非常に厳しい制約が付いています。

●法律は出来たがそれを実行できるのか

問題は、具体的にこれが実行出来るかどうかです。法律で出来るようになったからといって、すぐにそれが出来るわけではありません。海外で人質になった方、拉致された方を実力で救いに行く行為は、非常に難しいオペレーションです。何よりも国際的な枠組みが必要です。対テロネットワークだとか、条約や地位協定というものを事前に相手の国と結んでおく必要があります。

一番肝心なのは、どこに何人おられるのか、道路はどうなっているのか、その建物はどういう建物なのかなど、微に入り細に入り具体的な現地の情報が手に入らなければ、この作戦はなかなか実行できないということです。

そういうものを今、日本は持っているでしょうか。ほとんど持っていないと思います。衛星情報はアメリカに大きく依存しています。地球全体をカバー出来るような衛星情報を持とうとすると、相当な努力が必要となります。現地の細かな情報が手に入るかというとこれも非常に難しい。「法律が出来た、さあ君たちやれ」と言われて、「はい分かりました」というわけにはいかないというのが実態です。

●自衛隊の能力と権限でそれを実行できるのか

在外自国民保護を担任する部隊の能力や権限の検討もこれからの問題です。海上自衛隊も陸上自衛隊も特殊部隊を持っていますので、その能力はありますが、権限がありません。ここは一つのポイントだと思います。

輸送部隊の能力はどうでしょうか。今日本が持っている軍事用の航空機、輸送機というのは、僅か六五〇〇㎞ぐらいしか行動半径がありません。例えばアルジェリアのイナメナスに行こうとすると、四泊五日ぐらいかかります。途中で燃料を補給しながら、五日後ぐらいにようやく現地に到着して、それで状況に間に合うのかという大きな問題があります。能力的には非常に制限をされているということです。

さらに世界各国の上空を飛んでいくわけですから、そのような権限が与えられているのかも非常に大きな疑問です。法は出来たけれども、それを自衛隊に命ずるためには、まだまだ解決しなければならない問題はたくさんあるということです。

安倍総理も「法的要件を整えてもオペレーションが出来るのかという大問題もある」とおっしゃっています。一国の総理が「大問題もある」と言っているわけですから、そうなんだろうと思います。総理は「どの国もテロの脅威から逃れることはできない。関係国や組織の内部情報を収集することが死活的に重要だ。しかし、こうした国や組織は閉鎖的で内部情報の収集には相当の困難が伴う」ともおっしゃっています。その辺は安倍総理も認識をされています。

●訓練をやってみないと出来るかどうか分からない

したがって、やってみなければ分からないのです。しかし、ぶっつけ本番でやるわけにはいきません。だから訓練やシミュレーションをするのです。

訓練は言わばシミュレーションです。実際にその行動をとった時に、どんな問題点があるのか、枠組みや行動（作戦）の問題点を明らかにすることを検証訓練と言います。これをやらなければ、その法律が有効なのかどうかということがなかなか分かりません。

平素からの共同訓練や多国間訓練が必要になります。今、多国間訓練をやり始めたところです。これは防災訓練や避難訓練と全く同じような性格を持っています。実際やってみなければ、それがいいのかどうか、その計画が正しいのかどうか、マニュアル通りやっていいのかどうかということは分かりません。

自衛隊がそういう訓練をやると非難されることが大変多いのですが、訓練それ自体を非難することは、最も危険で無責任な行為ではないかと私は思っています。

●曖昧さが未だに法律的に残ったまま

アメリカが主体的に行っている多国間の訓練に、「コブラゴールド」というものがあります。これは戦争の訓練ではありません。平時におけるいろいろな活動の訓練です。

コブラゴールド２０１６には、多くの国が参加するようになりました。日本は従前、アメリカとしか共同訓練が出来ませんでしたので、つい最近ようやく正式なメンバーとして参加しました。それまではオブザーバーでした。

実際に何をやっているか。たとえば、タイにいる日本人学校に通っている生徒さんと実際に邦人救出の訓練をします。飛行機はアメリカの輸送機ですが、それに乗り込んでいくような訓練です。そこにおられるいろいろな国の方々を飛行機に安全に誘導する訓練もします。こういうことを実際にようやく今やり始めたところです。その際、武器を持ってはいますが、使ってはいません。なお、テロ組織などに集団的に拉致されたり、あるいは誘拐された時に、力を持ってこれを救出に行く、奪回をするというのは、まだ我が国は一度も訓練をしたことがありません。

要するに、私が言いたいことは、法の執行段階における曖昧さが未だに法律的に残ったままだということです。過去に事例がないので、これを検証することは出来ません。グレーゾーンはいつまでたってもグレーのままです。一回何かが起こらないと問題点は見えてきません。明日にでも何か起こって、何か対処しようとした時に、実は現場が判断するしかないというのが実態です。つまり、「結局、現場が責任を取る」ことになるということです。

●結局、現場が責任を取る

ここからは個人的な意見になるのですが、武器の使用がもし自衛官個人の責任になるとするなら——政府はそのように答弁しています——、武器の使用はそれぞれの自衛官が個人で判断をすることになります。そうだというのが政府答弁です。

しかしながら、新しい法律では国外犯規定といって、自衛官が国外で犯罪を犯すと日本の法律で裁かれることになっています。もしかすると国際刑事裁判所（ＩＣＣ）で——これは戦場などで兵士が起こした具体的な犯罪を裁くための裁判所ですが——、裁かれるかもしれません。個人の判断で武器を使っているのですから、当然、個人として裁かれます。でも、本人は命令で行っているのです。

個人に非があるならば当然のことだとは思うのですが、問題はアメリカもロシアも国際刑事裁判所規程を批准していないことです。いろんな国と一緒に行動した際に何か問題が起こって、結果的に日本の自衛官が捕まったら、アメリカの兵士は批准をしていませんから関係ありません。日本の自衛官だけが裁きを受けることになります。

それは当然必要な措置だとは思いますが、ここにおける格差というか、整合されていない部分をどうやって国際的に正していくのかということも、我々はしっかりと考えていく必要があると思います。

●理性的な議論、建設的な議論のほうが実は大事

なお、邦人救出は自衛権とは関係ありませんが、一言申し述べておきます。今回の安全保障法制を

一言で言うならば、集団的自衛権を一部限定的に容認をするという解釈だと思われます。ただし、個別的自衛権を拡大、延長するという考えと、集団的自衛権を限定的ではあるが、一部認めるというのは、実は立場の違いであって、実態はほぼ同じです。

自衛官のように現場で働く者にとって、実は個別的自衛権も集団的自衛権も、自分のものとして考えた時に、実はほとんど違いはございません。それによって戦い方が変わるわけでもありません。私はそういう形でこの集団的自衛権の議論を見ておりました。

私の立場として、今の法制は不十分なので、もっと先に進めるべきではないかと思っているわけではありません。従来、全く出来なかった分野、特にグレーゾーンのようなことに、一歩踏み出したことは個人的に大変評価をしていますが、一方で大きな問題点が現出していることも事実です。今の状況で抱えているいろいろな課題や問題点をしっかりと議論をすることが次のステップに繋がるのではないかと私は考えていまして、ことさらこれをどんどん拡大していく、不十分だからもっとやるべきだ、という立場に立ってはおりません。

現状でもいろいろな問題点がありますので、これをしっかりと地道に議論をした上で、やれるかどうかを見極めていくことが大切です。そのための理性的な議論、建設的な議論のほうが実は大事なのではないかと個人的に思っております。

安倍内閣に拉致問題の解決を期待できるのか

蓮池透（元拉致被害者家族会事務局長）

二〇一五年、新安保法制が成立した時に、自民党の議員が「これでやっと自衛隊が北朝鮮へ拉致被害者を助けに行ける」とおっしゃっていたそうです。新法制でそれが可能になったという認識はありませんが、与党の国会議員がそう捉えておられたことに驚きます。

自衛隊が行って被害者を連れ戻してくるというのは無理です。自衛隊が行けたとしても、被害者の居場所はどこかというようなインテリジェンスがあるかと言えば、まったくないと思います。かつ、今度の新安保法制でも、自衛隊は当該国の了解を得て派遣されるということになっていますが、拉致は国を司っている人がやった犯罪ですから、了解も何もないわけです。だから、やはり対話と交渉を重ねるしかないのです。そういう立場から、拉致問題の現状と打開策について、考えるところを述べておきます。

●世論の関心が低下する中で

拉致問題について、小泉元総理が訪朝（二〇〇二年九月一七日）してから一四年が過ぎました。全般的に言えるのは、日本政府には安倍政権も含めて時間の概念が本当にないということです。小泉訪朝から一四年（安倍氏は官房副長官として同行しました）、事件発生から四〇年近くが経とうとしておりますが、一向に事態は進展していません。これは一般の企業の経営者であれば、責任を取って、とっくにその座を去るという事態ではないでしょうか。

とにかく拉致問題に関するビジョンがないということが一番の問題です。そこにはやはり目標を立てて戦略を練って、マイルストーンを置いて、ＰＤＣＡサイクル（plan-do-check-action cycle）を回していくというやり方――これは企業のやり方にも通じるところがあると思うのですが――、それが全くなくて、場当たり的な対応しかできていないということです。これも企業の経営者であるならば完全に失格だと考えます。

それだけの時間が経っておりますので、世論の関心もだんだん低下してきています。世代交代も進み、三〇歳代前半の方々は既にこの問題を知らないという状況に至っています。

第一次安倍政権の時、私も安倍首相には期待しておりましたけれども、一年でお辞めになったということで、私ははっきり申し上げてあの時点で見限りました。思いもしない第二次政権の返り咲きがあって拉致問題に取り組まれていますが、私は全く信用しておりません。なぜかと言えば、一四年前とやっていることが全く変わらないからです。学習効果がないと言っていいと思います。

二〇一五年、私は本（『拉致被害者たちを見殺しにした安倍晋三と冷血な面々』）を出して、安倍首相が拉致問題を政治利用しているということを書きました。タイトルを過激なものにしてしまったのですが、非常に残念なことですけれども、現実にこの本のタイトル通りになってきているような感じがしています。

●ストックホルム合意は合意だったのか

二〇一四年にストックホルム合意というものがありました。これは北朝鮮が拉致被害者の再調査をする、日本側は経済制裁の一部を解除するという合意でした。その合意が履行されるということになった時、安倍さんは大々的にオモテに出てこられましたが、それ以降、オモテに出てくることがなくなってしまいました。例えば北朝鮮側の報告の期限が遅れるとかの時には全くオモテに出てこない。つまり、成果を誇れる時はオモテに出るが、そうでない時は責任を取らないということです。

合意の内容に関して申し上げますと、あの合意は対象が拉致被害者だけではなく特定失踪者と言われる人や日本人妻、日本人の遺骨の問題、残留邦人の方々をも包括的に解決するという合意でした。そうして包括的だったが故に、拉致については何を持って解決すればいいのかという定義がお互いに明確ではなかったと思います。ゴールが一致していない、コンセンサスが得られていないということでしたので、本当の意味での合意ではなかった。

そもそも、北朝鮮の脅威を煽って集団的自衛権の行使を標榜していた安倍首相が、その北朝鮮と対話をしようということ自体、安倍さんの政治信条に反する矛盾した行動でした。安倍さんは「再調査は茶番だ」とおっしゃったこともありまして、その安倍さんが再調査で北朝鮮と合意したことは、いわば茶番を繰り返すということでしたので、やはり期待できなかったわけです。結局、北朝鮮側からは何も報告が出てこないというか、一部では出てきたんだけれども日本政府が蹴飛ばしたという話もありますが、そういう状況が継続してきました。

●核・ミサイルは安倍首相にとっては「渡りに船」⁉

二〇一六年前半の核・ミサイル問題をきっかけにして、経済制裁が浮上しました。驚いたのは、ストックホルム合意で解除していた一部の制裁を復活させるという話が出まして、国連の安保理で協議がなされている段階で日本、韓国、アメリカが突出して経済制裁をかけたことです。これでは完全に北朝鮮側は反発して、対話の扉を閉じるだろうと思いました。日本政府は「反発はするだろうが扉は閉じないだろう、我が国も閉じていない」と楽観視していましたが、案の定、北朝鮮は「再調査の中止、調査委員会の解体」という行動に出ました。

私は当時、五月上旬に開催される朝鮮労働党大会に注目していましたので、党大会後に拉致問題でパイプを繋げていけるように、少しでも交渉の余地を残しておくべきではないのかと思っていました。しかし、解除していた制裁を日本が突出して復活させ、更に強化するというようなことをやったがために、北朝鮮側は当然とも言えるような反応を示したわけです。それにもかかわらず、日本政府は「我々は対話の扉を閉じていない」と、理解不能なことを言っています。

拉致問題のことを考えて――ストックホルム合意は有効だと日本政府は言っているわけですから――、一部解除した制裁をそのままにしておいて、その後に出た安保理決議に則って国際社会と足並みを揃えて制裁をするやり方もあったと思います。日本の独自制裁は一部解除のまま保留しておく。そういう選択肢もあったのではないかと考えると非常に残念です。

安保理決議を見ますと、例えばジェット燃料の供給を制限するなど、核・ミサイル問題を解決する上で、非常に理に適ったものです。一方、日本の独自制裁というのは、北朝鮮側に直接影響を与えるようなものではありません。どちらかと言うと在日コリアンの方々に影響を与える、朝鮮総連もそうですが、国内向けに影響を与えるようなものです。日本の独自経済制裁にはどういう意味があるのか疑問を持っています。

今回の北朝鮮の核・ミサイルというのは、安倍さんにとっては「渡りに船」だったのではないかと思います。というのは、拉致問題の停滞、遅延は核・ミサイルのせいだとしてその理由を正当化する「隠れみの」になります。また、安保法制や憲法改正、沖縄の米軍基地の存在の正当化の後ろ盾になるからです。

●拉致問題で安倍さんがついている嘘

私は安倍さんのやり方を批判していますが、鬱憤ばらしをするつもりで本を書いたわけではありません。もちろん、拉致問題で一番悪いのは北朝鮮ですが、日本側にも間違った政策がなかったどうか検証してみるべきではないかという意味で——一〇何年も経っているわけですから——、問題提起や注意喚起をして、警鐘を鳴らすという意味で書いたのです。

私が本のなかで書いたことは、安倍さんが「拉致被害者が一時帰国した時に必死に引き止めた」とおっしゃっているのは全くの嘘だということです。また、その嘘を政治利用して、権力を維持しているということです。

二〇一六年初めの国会で、旧民主党の議員が私の本の内容を取り上げて、「安倍さんは拉致問題を政治利用しているのではないか」と問いました。それに対して、安倍さんは「そんなことはない。私は引き止めた」「嘘をついていたら議員バッチを外す」とまでおっしゃっていました。しかし、その後も嘘だという証拠がいろいろ出てきました。

朝日新聞が当時の福田官房長官にインタビューした記事に安倍さんとのやりとりがあります。五人を返さないという決定をしたのは五人の意志に基づくものですが、その意志を安倍さんが確認したのが二〇〇二年一〇月二三日とされています。しかし、私が弟から「北朝鮮に戻らない」と聞いたのは翌二四日であり、事実関係が異なっています

それから、ある札幌市議のブログでは、「安倍さんを囲む会」で安倍さんから聞いた話として、「安倍さんが地村保志さんに一度北朝鮮に帰るように勧め、固辞された」と記されていました。それがネットにアップされ話題になっています。

そもそも私が嘘を書く必要は全くないので、その辺は非常に残念です。

国会で旧民主党議員から追及された時に、安倍さんは「あなたは拉致問題を何年やっているんだ。私は昔からやっているんだ」とおっしゃいましたけれども、それも嘘なんです。家族会が結成されたのは一九九七年で、小泉総理（当時）が訪朝したのが二〇〇二年です。その五年間、安倍さんは家族会の集会などには全く顔を出していません。二〇〇二年の訪朝で小泉元総理に同行して以降、安倍さんがオモテに出てきたということです。

●安倍さんがオモテに出てきてやったことは、拉致問題は進展していない

安倍さんがオモテに出てきてやったことは、経済制裁と、拉致問題担当大臣及び事務局いわゆる拉致問題対策本部の設置の二つだけです。経済制裁に効果があったのかと言うと、二〇〇六年の発動以来、もう一〇年経ちますが、その効果は全くないと言っていいと思います。

二〇一六年、核実験が連続的に行われまして、弾道ミサイルも飛びました。今回だけではありませんが、核・ミサイルがあって、制裁があって、そして拉致問題が停滞する。この繰り返しで一四年間が過ぎてしまいました。

経済制裁というやり方は、一つの方策ではあると考えます。けれども、やるのであれば、本当に被害者の救出に繋がるような戦略的なやり方が必要なわけです。

しかし、日本がやったことは、全く戦略的ではありませんでした。そもそも核とミサイルの問題を理由にして経済制裁を発動しておいて、その後で拉致問題もあるからということで制裁の要件として拉致問題も付け加えた、つまり「後付け」だったのです。それが戦略的かというと、私は全くそうではないと思います。

そういう状況の中で、日本政府はどのように北朝鮮とやりあっていくのか、非常に心配を抱いているところです。「日本側の扉は開いている」というような言い方は、北朝鮮だけではなく中国や韓国に対してもずっと言い続けてきた言葉でして、拉致という特別な問題を抱える相手に対して、それで果たしていいのかということを私は憂いています。

言葉とは裏腹に、安倍さんは拉致問題の解決に消極的なのではないかと感じる時があります。拉致

によって被害者日本、被害国日本という政治のツールを手にした政治家がいる。ずっと加害国と言われていた日本が、被害国だと言える口実が出来たのです。それを強調し、北朝鮮の脅威を煽っていたら、権力を維持するための有効なツールにもなるので、そういうものは離したくないから、拉致問題の解決に積極的にならない。少し穿った見方かもしれないですが、そういう政治家がいるのかなという考えです。

●北朝鮮の労働党大会をめぐって

私は北朝鮮の労働党大会に非常に注目をしていました。二〇〇二年に小泉総理（当時）が訪朝して国交正常化を目指そうということで平壌宣言を締結したということは、北朝鮮側も日本の方を向いていたということが言えると思います。日本を交渉相手とすることには十分利益がある、合法的にお金を取れるのは日本からだけだというような考え方が、金正日総書記の頭の中にはあったと思います。

三〇数年ぶりに開かれた今度の労働党大会で、もし金正恩委員長が「もう日本は相手にしない」と言ってしまったら、本当に拉致問題は取りつく島がなくなってしまうということを心配していました。そういう発言はなかったものの、日本と積極的にやっていこうという感じではなかったように思います。外交面に力を入れている布陣にしたことは見受けられますが、やはり眼中にあるのはアメリカで、日本は過去の問題について謝れ、南北統一の邪魔をするなというような程度の話しか聞こえてきませんでした。とりわけ残念だったのが、金正恩氏の口から「日朝平壌宣言」という言葉が出てこなかったことです。

一方、私が注目したことの一つは、「核の先制攻撃はしない」「非核化を目指す」ということを言っていたことです。今まで北朝鮮は「先制攻撃も辞さない」と言っていたのですが、「先制攻撃はしない」と言ったのは、今までとはちょっと違うと感じたのです。

●核・ミサイル問題とは区別して拉致問題に臨むべきだ

安倍さんは、核・ミサイルと拉致問題を包括的に解決するとおっしゃっていますが、今までの六者協議の結果を見ればわかるとおり、セットではなかなかうまくいかないでしょう。日朝間固有の問題として拉致問題を早く――早くしないと皆さん死に絶えてしまいますので――、核・ミサイル問題とは区別して解決してもらいたいと思います。

そもそも北朝鮮の非核化は難しいと感じます。アメリカは「核を放棄しなければ対話に応じない」と言っているし、北朝鮮側は対話に応じさせるために核実験を繰り返しているという、まさにすれ違いが続いています。北朝鮮の核はアメリカを向いて開発されていると思います。日本を相手にするためには、ノドンだけで十分だと思います。日本海側に並んでいる原発を狙えば立派な核兵器になるわけですから。米朝はもう少し接近して、今の休戦状態から平和協定へとシフトしていくような努力が必要です。いつまでも北朝鮮を門前払いしていていいのかという気がしてなりません。

オバマ大統領が広島を訪問しまして、北朝鮮側はそれを欺瞞だとか偽善だとか言っていましたけれども、一理あるのかなと思います。自ら核兵器を廃絶しようとする姿勢を見せないアメリカが、核の被害地であるヒロシマを訪れて、誤りだったとか表明することなしに、最後の花道を飾るというだけでは、あまり意味がない。したがって、核・ミサイル問題の解決と拉致問題の解決はセットでと言っている限り、拉致問題の解決は程遠いということです。

●民間外交、議員外交、家族外交だって必要だ

安倍さんは「あらゆる手段を尽くす」とおっしゃいます。これは日本政府の常套句ですが、その点について二〇一六年三月にアントニオ猪木参議院議員が安倍首相に質問をしました。

猪木さんは三〇回以上訪朝して、北朝鮮のナンバー2と言われている金永南《キムヨンナム》氏と面識があるということで、「私の持っているスポーツ外交というルートを活用する気はあるか」という質問をしたのです。安倍総理は「二元外交はいかがなものか」と一蹴しました。「あらゆる手段ということで、経済制裁以外に何かやっていますか」という質問に対しては、「経済制裁はリビアやイラン等で非常に功を奏している」と矛先を変えたような答弁で終わってしまいました。最後に猪木さんが加藤勝信拉致問題担当大臣に「今度一緒に平壌に行きませんか」と誘ったら、加藤さんは「今はその時期ではございません」という答弁をされました。

あらゆる手段を尽くすと言いながら、ほとんど経済制裁だけに頼っているだけです。経済制裁をやっていれば北朝鮮は苦しんで日本に助けを求めてきて、拉致被害者を出してくれるんじゃないかというような幻想に囚われたまま、もう一四年が経ってしまったというのが現実です。

このままだと難しいと思います。なんとか北朝鮮とパイプをつなぐような民間外交とか議員外交とか、そういうものに頼るしかないという段階に来ています。

とにかく交渉しなければ、埒があかないと思っています。そのためには、いろいろなチャンネルを使うべきだと思います。アントニオ猪木議員はナンバー2の金永南氏と面識があるそうです。金正日の料理人と言われている藤本健二さんが金正恩氏と面会して三時間も話をしたということがありましたが、そういうことが出来るのは藤本さんだけだと思います。藤本さんは総理大臣の親書を持って行って渡したいとおっしゃっていましたが、そういう道を使うのも一つの方法なのではないかと思っています。

もし政府がやらないのであれば、「我々家族みずから北朝鮮へ行きます、そして家族外交をやります」ぐらいのことを考えるところまで来ております。

●解決の定義を明確にし、過去の問題を清算する

しかし、政府は民間外交や議員外交を否定しています。それならば、あとは政府がどうするかです。政府に本気になってほしいと思います。

金正恩委員長は粛清を繰り返していますから、ボトムアップするシステムは今の北朝鮮では全く機能していないのではないかと私は考えています。自分が気に食わなければすぐに粛清してしまうようなタイプですので、小泉政権時代に対応した「ミスターX」というような全権を担った外交官の出現はなかなか難しいと思います。そういう厳しい状況の中でどうやってこの拉致問題を解決していくのか。

やはり、粘り強く対話と交渉をするしかない。それが成功するためにはまず「拉致問題の解決とは

何か」ということを明確にしなければいけないと考えています。

安倍さんがきちんと「こうなれば解決なんだ」という方針を出すということです。全員が帰ってくるのが解決なのか、あるいは安否確認が出来ればいいのか、亡くなっていると言うのであれば、それを証明する信ぴょう性のある証拠があって、ちゃんと補償をしてくれるのかというところまで突っ込んでいく必要があります。拉致被害者も人間ですから、亡くなっている可能性もゼロではないわけですが、そういう情報も受け入れるのかということです。

それは家族に対しては言いにくいことだと思います。しかし、そこまで覚悟を決めて判断して、北朝鮮と合意した上で話し合いを進めていくべきです。

その際、私は仮にこれから日朝間が交渉を再開した場合には、過去の問題とセットでやるしかないと考えています。つまり日本の過去の清算を行い、それによって北朝鮮側に見返りがあるということで、北朝鮮も拉致問題の解決に乗ってくるという、そういう考え方です。日本側はカードとして過去の清算――それは何か出てきたら、その程度に応じてこういうことをやるということで、分割で良いと思うのですが、――を具体化していく。

農地の土壌改良での協力や、ケソンの工業団地のインフラ整備などもあります。ただ、ケソンは閉鎖されてしまいましたし、何が出来るか本当に限られています。しかも、ただ、インフラ整備とする場合には、核・ミサイル開発に繋がるということで、必ずアメリカから妨害が入ると思うのです。だから、難しい問題なのです。

●政府がキチンと戦略をもって

今、安倍さんがやっていることを見ますと、「北朝鮮はけしからん」と経済制裁をやって報復感情を煽りつつ、国内では何と言っているかというと、「被害者が早く家族と抱き締めあえる日が来るまで頑張る」と言っています。感情的なだけで、解決の戦略は示されていないんです。

感情で政治をやってもらっては困る。もっと理性的になって、そして時には家族に対しては辛辣なことかもしれませんが、それが良いと判断したのであれば、家族会の顔色をうかがっているばかりではなくて、判断したことを貫き通すようなところがあってもいいのではないかと思います。

北朝鮮は、旧民主党政権とはあまりつきあいがありませんでした。安倍政権が北朝鮮とつきあっているというのは、安倍首相だったら家族や国民を説得出来ると北朝鮮が踏んでいる節があるのではないかと思っています。金正恩委員長にそういうところがあるかどうかは分かりませんが、それを逆手にとるとか、とにかく戦略を練ってもらいたいです。

金正日氏の責任を問うても仕方がありません。問題の真相は明らかにされるべきだとは思いますが、もう亡くなっている方ですし、そこをやってしまったらそれこそ戦争ということになってしまいかねないので、きちんと割り切るべきと言いますか、切り離してやるべきではないかなと思います。

私もいろいろと考えていますが、とにかく政府がきちんと戦略を練ってほしいのです。例えば拉致担当大臣を作りましたが、拉致担当大臣と外務大臣との権限はどういう振り分けがなされているのか全くはっきりしていません。拉致担当大臣が外交をしなければ解決しませんが、外交は外務大臣ということになると、拉致担当大臣はただお飾りということになりかねません。もうあんな国とは付き合わないというのだったら、これはＩＳに対する菅官房長官の発言と同じになってしまいます。交渉する余地はないと言っていたら、未来永劫、拉致問題は解決しません。

あとがきに代えて——三つの戦争と日本の針路

世界は、そして日本は、三つの戦争に直面しています。新安保法制の発動を議論するにあたり、この問題を考えておくべきです。

一つは、昔ながらの領土をめぐる古典的戦争。二つ目は、アメリカとこれに対抗する大国間の勢力争いの戦争。そして三番目に、イスラム原理主義に基づく暴力とこれを根絶するためのアメリカの暴力という戦争です。

日本に当てはめてみれば、中国との間には領土をめぐる「主権の対立」があり、その中国は、南シナ海で周辺国との間の領土紛争を抱えると同時に、アメリカが主導する海洋秩序に挑戦しています。また、いわゆる国際テロは、中東、北アフリカ、欧州を席巻し、在外邦人にも危害を与えるとともに、国内でのテロが懸念されています。

これらは、それぞれ異なる起源を持ち、異なったタイプの主体によって戦われています。それぞれの戦争には、別の処方箋が用意されなければなりません。今日の日本における安全保障の混迷は、これらすべての戦争に対して、武力を強化し、アメリカと一体化することによって抑止力を高めるという、単一の処方箋しか持たないことから生じているように思われます。

それは、対等な二国間の古典的戦争には有効かもしれませんが、日本は、すでに中国と軍事的に対等ではありません。日本政府は、地球規模で中国を封じ込めるためインド、豪州との連携を模索していますが、大陸国である中国を海洋だけで封じ込めることは不可能です。またテロは、最強のアメリカの軍事力をもってしても抑止できません。

わが身に迫る危機は、大きく見えます。だがそれは、いま世界で進行している危機の一部に過ぎませんし、実は中心的課題でもないのです。世界が直面する戦争、そして、歴史上経験してきた戦争という全体の流れの中で物事を見極めなければ、日本を守ることもできなくなるばかりか、独りよがりの無駄な戦争を選択することにもなりかねません。

1、尖閣という主権の戦争

●冷戦時代には抑止力に効き目があったかもしれないが

例えば、尖閣をめぐる対立は、主権の対立です。そこでの戦争は、主権の維持という政治的目的のために戦われる古典的なナショナリズムの戦争であり、クラウゼヴィッツの言う「三位一体の戦争」（戦争を遂行する三つの要素としての国民・軍隊・政府が一体となった戦争）です。そこで戦争をするために何にもまして必要なことは、主権のために命を捧げてもよいという国民感情の高まりです。

一方、尖閣には日本人も中国人も生活しているわけではありません。主権を守るという命題と、国民の命を守るという命題が矛盾するのです。そこに、この問題が戦争に発展できない理由があります。三位一体の戦争とは、国家の政治目的のために国民の命を犠牲にすることだからです。

抑止力という処方箋は、冷戦時代の米ソ覇権争いという病原が、侵略という症状に発症しないように抑える意味で効き目があったかもしれませんが、今日のような異なる病原に起因する複雑な病状に万能の効果があるわけではないのです。

戦争を抑止するには、相手よりも強くなければなりません。また、抑止という処方には、緊張を高め軍拡を促すという強い副作用があります。安倍政権は、その副作用のある薬の量をさらに増やそうとしています。

対立があるからと言って武力を強めれば、戦争に至らないという意味の平和は得られるかもしれません。平和と安全がセットで語られるのは、戦争に至るかもしれないほどの対立があり、不安があるからです。戦争が抑止されている状態を平和と呼ぶのであれば、それは、安全な平和ではありません。冷戦時代、数万発の核弾頭に支えられた世界は「冷たい平和」と呼ばれました。その代償として、我々は核への不安を黙認してきたのです。

同様に、平和と独立、あるいは自由も、ときに両立しません。侵略者に対して抵抗しなければ、殺されないという意味の平和は守られるでしょうが、その代償として自分の生き方を決める自由を失うことになります。

●多少の覚悟で済むのか焦土となることも覚悟するのか

結局、「国民が何を望んでいるのか」から出発しなければ、正しい処方は見つからないのではないでしょうか。国民の大半は、「戦争はいけない」という感情と、「中国が何をするかわからない」という不安のはざまで揺れています。

その場合、国民が考えなければならないことは、戦争がなければいいのか、戦争しても勝てばいい（そのため多少の犠牲はやむを得ない）と考えるのか、あるいは、戦争のもととなる対立そのものが解決した安心できる状態が欲しいのかです。これは、主権者としての選択です。

ことに、領土の問題は、単純なように見えて複雑です。例えば尖閣は無人島ですが、日本の主権が存在しています。主権は守らなければなりません。ですが、無人島のために戦争をするという場合、それは、国民の命よりも主権のほうが大切だ、ということになります。どちらかを立てればどちらかを失うのです。一方、時間はかかっても、対立そのものをなくしていくことができれば、それは確かな平和となります。

無人島については、中国も同じ問題を抱えています。ただ、中国の場合、かつて日本を筆頭とする列強に支配されたルサンチマンが原動力となっているため、多少の犠牲を許容する程度は日本よりも大きいかもしれません。

そうであるならば、日本としては、多少の犠牲では済まないだけの備えを持たなければなりません。そのために、海保と自衛隊が存在しています。自衛隊は、防御に限って言えば世界有数の能力を保有しています。島は、自力で守れるし、守らなければなりません。それが主権の主権たるゆえんでしょう。

自衛隊が強力に抵抗した場合、相手はその本拠地である日本本土を攻撃するかもしれません。今度は、日本にとって抽象的な主権ではなく、生存をかけた戦争になります。これは、受けて立つ以外にありません。しかし、ミサイルが雨あられと降ってくるようでは、アメリカの報復にも期待しなければなりません。アメリカが中国本土を爆撃するわけです。それが嫌なら尖閣に手を出すな、ということです。抑止力とは、本来そういうものです。それは、アメリカが確実に報復するし、中国もそれを認識することが前提となっています。

ですが中国も黙っていないでしょう。報復の報復として、アメリカ本土にミサイルを撃ち込むかもしれません。アメリカは、それを覚悟して中国にミサイルを撃ち込むのだろうか、という疑問が生じます。なぜなら、侵されているのは日本の主権であって、アメリカのそれではないからです。

仮にアメリカが戦争覚悟で報復したとしても、すでに日本はミサイルによって焦土と化しています。これが、力による抑止を考える場合のワースト・シナリオです。それを国民が望んでいるはずはありません。そうすると、答えは一つしかないのです。仮に中国が島を取ろうとしても簡単にはさせない抵抗力を持ちつつ、それが戦争に拡大しないよう、政治が責任を持つことです。

2、南シナ海の覇権の戦争

●アメリカはどんな戦争をしようとしているのか

日本国内では、「南シナ海を放置すればやがて日本にも禍が及ぶ」と考える向きが多いですが、それは、いま中国が南シナ海でやっていることを主権の戦争であると捉え、主権の延長に尖閣や琉球も含まれると考えるからです。

しかし、そうであるならば、中国の野心が南シナ海から東シナ海に向けられないために、南シナ海で中国と対峙する諸国が頑強に抵抗し、中国を南シナ海に引き付けておくようにするのが賢明なやり方です。それで日本が不義理をしていることにはなりません。なぜなら、それはベトナムやフィリピンの主権の問題であって、日本の主権ではないからです。

それにもかかわらず、いま日本は、南シナ海に自衛隊を派遣し、これら諸国の防衛を肩代わりしようというメッセージを発信しています。つまり､中国の眼を日本に向けさせているわけです。それは、南シナ海諸国にとってありがたいことには相違ないでしょうが、日本が代わりに標的になることでもあり得ます。こうした政策がとられる背景には､「事が大きくなればアメリカが助けてくれる」という信仰があります。安保法制の背景にある「日本がアメリカの軍艦を守れば抑止力が高まって戦争が起きない」という思想が、それを見事に言い表しています。

では、そのアメリカは、どんな戦争をしようとしているのでしょうか。アメリカは、南シナ海で中国が支配する島や岩を軍事拠点化することに反対していますが、それは、主権の問題としてではなく、航行の自由、特に、自国の軍艦が世界中の海を動き回る自由、すなわち、海洋覇権の問題としてです。そこで問われるのは、個々の島や岩礁が誰のものかという主権の所在ではありません。その島が軍事化されたときに自国の海軍の行動が制約されるか否かということです。

しかし、自国にとって邪魔になる軍事拠点が島である限り、問題はそれほど深刻ではありません。いざとなれば、そんな島は、一、二発のミサイルで木っ端みじんに粉砕できるからです。ですから、アメリカは、南シナ海でも、そして東シナ海でも、中国を牽制することはあっても戦争に持ち込むつもりはありません。すなわち、多少事が大きくなっても、直ちに戦争をもって介入する気はないのです。

●アメリカが覇権のために戦争する動機はどこにあるのか

そう考えてくると、「アメリカの軍艦を守れば戦争にならない」という思想には、何の裏付けもないことがわかります。しかもそれを、日本の主権を守るために利用しようとしても、全く無意味なことです。アメリカと日本の中国に対する脅威認識には、大きなギャップがあります。それは、日本が主権の戦争を戦おうとする一方、アメリカが戦うのは海洋覇権の戦争という別の戦争だからです。

では、覇権の戦争の動機は何でしょうか。アメリカにとって許せないことは、第一に、アジア地域の覇権をよその国が持つようになることです。かつてアメリカは、ロシアのアジア支配を警戒して日露戦争の停戦をあっせんし、日本に有利な講和を実現しました。日本がのさばりだすと、今度は日本を徹底的に叩きます。覇権国の出現を許さない、これが、覇権国家アメリカの歴史に刻まれたＤＮＡなのです。

第二に、覇権国の特権として、自分が望まない戦争をさせないということです。尖閣をめぐる日中の戦争に巻き込まれたくないというアメリカの本音は、一三年二月の安倍総理訪米の際、星条旗新聞に示されています。最近でも、ランド研究所が尖閣の戦争に介入すべきでないという報告書を出しています。

アメリカは、二〇一五年から「航行の自由作戦」と称して軍艦を派遣していますが、その行動は極めて抑制的であり、中国が埋め立てた人工島への攻撃を示唆するような行動はとっていません。中国の乱暴を放ってはおけないものの、主権の戦争に介入しない方針は一貫しているのです。

埋め立てを抑止したいのであれば、島を封鎖し、ミサイルを撃ち込む方が手っ取り早いことです。ですが、アメリカは、埋め立てを違法と言っているのではなく、それを起点に領海を主張することを違法と言っているのです。どこまで行けば軍事力を行使するのか、レッド・ラインも提示していません。中国は、南シナ海の主権を主張しています。主権の戦争である限り、アメリカは、あらかじめ介入を公約するようなレッド・ラインを引けないということです。

アメリカが覇権国としての独自の国益に基づいて戦争を決意することがあるとすれば、それは、南シナ海が中国のミサイル原潜の聖域となってアメリカ本土が脅かされるとき、または、民間船舶の航行が継続的に阻害されたときでしょう。しかし、すでにオホーツク海や北極海がロシア原潜の聖域である現実をアメリカは受け入れています。また、中国が主張するように、南シナ海を航行する民間船舶の保険料は上がっていません。

●日本は何をするべきなのか

それでも、米中の軍艦がせめぎあっていれば、予期しない衝突は起こり得ます。それゆえアメリカは、中国海軍との共同訓練を行うなどなどの信頼醸成措置を継続しており、中国も、一四年四月の海上衝突防止に関する多国間ルールに調印しています。米中は、摩擦的衝突を戦争に拡大させない危機管理の課題として認識しているのです。

安保法制で、南シナ海における米中海軍の衝突を重要影響事態として自衛隊が出る枠組みができました。平時でも、日米共同訓練の最中に米艦への不意の攻撃を自衛隊が排除できる「武器等防護」の適用拡大がなされています。これを使って米艦に補給し（重要影響事態）、米艦に飛んでくるミサイル撃ち落とせば（武器等防護）、現場の米艦は助かるでしょう。しかし、それは、日本本土を守る抑止力ではありません。

中国は、日本が参戦したとして、日本への攻撃の口実を得ることになります。日本を守る自衛隊の船は、南シナ海にいます。それは、中国にとって好機です。そして、その後は、尖閣の項で述べたと同じミサイルによる報復合戦のシナリオになるのです。

これは、事態を収束させようとするアメリカ・中国にとって迷惑な話です。戦争をコントロールしようとする大国の間に、中小国が割って入ってはいけません。同時に、日本には、主権の戦争を戦いながら覇権の戦争に加担する能力はありません。日本は、軍事大国ではないのですから。

それでは、日本がやるべきことは何でしょうか。国際ルールの確立を主張し続け、現状変更の政治的コストが高いことを知らしめることです。そして、沿岸国の能力向上を援助し、沿岸国自身が現状変更の軍事的コストを高めることです。間違っても、直接沿岸国の防衛に参加するような、身の丈に合わないことをやってはいけません。

3、イスラム過激派と北朝鮮による承認の戦争

●対テロ戦争に勝てるのか

アメリカにとって、最も厄介な戦争は、イスラム過激派との戦争です。彼らは、主権を持った国家ではありません。国家を相手の戦争であれば、かつて日本を無条件降伏に導いたように、主権の容認という切り札によって戦争を終わらせることもできますが、国家でない相手にそれは通用しません。相手が何を求めているのか理解できないし、世界をイスラムの支配に変えると言われても、応じられるものではないからです。

実は、北朝鮮をめぐっても、これと似た部分があります。北朝鮮が求めているのは体制の容認なのですが、その前提として、北朝鮮は、核が最後の保証になると思い、アメリカはそれを認めることができないでいます。ＩＳＩＬも北朝鮮も、ないものねだりをしてアメリカに戦争を挑んでいるわけです。

北朝鮮については後で触れることとして、ＩＳＩＬについて考えましょう。ＩＳＩＬが掲げる戦争目的は、受け入れる余地がありません。また、ＩＳＩＬが行っている非人道的行為は放置できません。そこで、これを滅ぼす以外の選択肢はない、ということになっています。

この戦争に勝てるのでしょうか。かつてアメリカは、ベトナムに戦争をしかけましたが、大量の兵員と爆弾を投入しても勝てませんでした。ベトナムが求めていたものは主権と民族の自決であったのに対し、アメリカが求めていたものはベトナムを共産主義の勢力下におかない、という覇権の維持でした。

アメリカが爆撃を強化すればするほど、世界の反戦の世論が盛り上がり、生きて帰還した兵士たちのＰＴＳＤという深刻な社会問題が発生しました。ベトナム戦争は、大国による覇権の戦争の大義が初めて問われる戦争となりました。アメリカは、ベトナムの抗戦意志の強さと国際世論によって敗北します。

今中東で起こっていることは、同じ大義の問題を孕んでいます。イラク戦争によってイラクの独裁体制を倒しましたが、国際世論との間に深刻な亀裂を残し、宗派間の内戦を招きました。その混乱の中からＩＳＩＬが生まれます。ＩＳＩＬのやっていることがあまりにひどいので、軍事的な対応への反対は強くありませんが、誤爆や民間人の被害に対する世論の目は厳しいものがあります。

人道目的の戦争といっても、アメリカとロシアは、それぞれ大国として異なる中東支配の思惑を持っています。それが、解決をより困難にしています。

仮にＩＳＩＬを殲滅できたとしても、新たなテロ集団が取って代わることは容易に想像できます。殺戮と破壊によって得られた勝利は、相手のルサンチマンを掻き立て、新たな戦争を準備します。その憎悪の連鎖の中に、自衛隊を送りこむかどうかが問われているのです。

●対テロ戦争の勝利とは、住民の殺害ではなく、住民の獲得

軍隊を送りこむのは国家の究極的な決心となります。何のために、いかなる犠牲を覚悟して、いかなる目標のために何をやらせるのか。これは、日本にとって主権の戦争でもなければ生存のための戦争でもありません。多国籍軍の後方支援ということであれば、それは覇権の戦争への加担となります。その多国籍軍が勝てない戦争をしているのであれば、自衛隊もまた勝てない戦争を支援することになるのです。

対テロ戦争の勝利とは、住民の殺害ではなく、住民の獲得でなければなりません。だから、大事なことは、戦場で何人殺したかではなく、何人の住民の生活を回復できるかということであり、戦争よりも国造りこそが対テロ戦争の勝敗を決めるのです。

そのように考えれば、日本の役割も見えてきます。戦争そのものではなく、国造りに参加していくことです。それが、対テロ戦争の勝利に最も貢献します。それは、自衛隊の仕事ではないかもしれません。しかし、誰がやろうと、日本国として取り組むならば、それが日本の世界に対する存在証明となることに変わりはありません。

北朝鮮に話を戻せば、あの国は、極めて特殊な独裁体制を守るため二つの正面で戦っています。一つはアメリカからの生存を保証するための核開発であり、もう一つは国内における体制の正当性を高めるための核開発です。

いずれにしても核を手放せないとすれば、とるべき道は二つしかありません。体制を締め上げて崩壊するのを待つか、あるいはどこかで妥協して核を手放せるくらいのご褒美をくれてやるか、ということです。いずれの道も、カギを握るのはアメリカと中国です。

日本は、どちらの道を推奨するのかが問われています。核を持たせないのは、米中の覇権の論理です。一方、日本には、拉致という主権の問題があります。そこで、核と切り離して拉致問題を解決し、あとは北朝鮮がどう転んでも関知しないという方策もあります。唯一の被爆国として核の恐怖を訴えても、アメリカの核に恐怖を感じる相手には通用しません。

北朝鮮のミサイルは、なぜ日本に飛んでくるのか。日本の軍事力が怖いからではありません。日本に所在するアメリカの軍事力が怖いからです。ここでまた、日本の政治には深刻な問題が突き付けられることになります。アメリカの抑止力に頼るから安全なのか、あるいは逆に、アメリカと一体化するからミサイルが飛んでくるのか、という見極めの問題です。

日本の主権の戦争とアメリカの覇権の戦争、加えて、北朝鮮の生存の戦争という三つの戦争のはざまで、国を守るとはどういうことかが問われています。新安保法制が発動され、それが日本の平和に寄与するのか、それとも逆行するものになるのかが現実の舞台で問題になろうとしているとき、我々が考えなければならないのは、そのことではないでしょうか。

二〇一六年一一月一日　自衛隊を活かす会代表　柳澤協二

著者プロフィール（50音順）

石山永一郎　慶應義塾大学文学部卒。共同通信マニラ支局長、ワシントン特派員などを経て現在、編集委員。在日米軍基地問題、東南アジア地域問題などを担当。

伊勢崎賢治　早稲田大学理工学部卒。国連職員や日本政府代表として、シエラレオネやアフガニスタンなどで武装解除を指揮。現在、東京外国語大学教授（平和構築論）。

太田文雄　防衛大学校卒。ジョンズホプキンズ大学高等国際問題研究大学院にて国際関係論博士号取得。防衛庁情報本部長、防衛大学校教授などを歴任。現在国家基本問題研究所企画委員。

加藤朗　早稲田大学政治経済学部卒。防衛研修所（当時）に入所し、その間、ハーバード大学国際問題研究所などで客員研究員を歴任。現在、桜美林大学教授（紛争論・国際政治論）。

谷山博史　日本国際ボランティアセンター代表理事、国際協力NGOセンター理事長。NGO非戦ネットをはじめTPPや秘密保護法に関する市民ネットワーク組織の発起人。

津上敏哉　東京大学法学部卒業後、通商産業省入省。在中国日本大使館参事官、通産省北東アジア課長、経済産業研究所上席研究員を歴任。2012年から現代中国研究家として活動。

泥憲和　陸上自衛隊に入隊し、少年工科学校（現在の陸上自衛隊高等工科学校）を経てホーク地対空ミサイル部隊に所属。3曹で退官後、弁護士事務所に勤務の傍ら、社会問題に取り組む。

蓮池透　東京理科大学工学部電気工学科卒。東京電力に入社し、原子燃料サイクル部部長（サイクル技術担当）などを歴任。その間、北朝鮮による拉致被害者家族会の事務局長を務めた。

モハメド・オマル・アブディン　スーダン生まれ。誕生時から弱視で、12歳の時に視力を失う。19歳で来日し、平和構築の研究を志す。現在、東京外国語大学特任助教（平和構築論）。

柳澤協二　東京大学法学部卒。防衛庁（当時）に入庁し、運用局長、防衛研究所所長などを経て、2009年まで内閣官房副長官補（安全保障・危機管理担当）。現在、国際地政学研究所理事長。

渡邊隆　防衛大学校卒。陸上自衛隊幕僚監部装備計画課長、陸上自衛隊幹部候補生学校長、第1師団長、東北方面総監などを歴任。2012年退職。現在、国際地政学研究所副理事長。

自衛隊を活かす会

正式名称は「自衛隊を活かす：21世紀の憲法と防衛を考える会』。2014年6月7日に結成。自衛隊を否定するのではなく、かといって国防軍や集団的自衛権に走るのでもなく、現行憲法のもとで生まれた自衛隊の可能性を探り、活かすことを目的に、自衛隊関係者の協力も得ながら、各種のシンポジウム、提言活動などを行っている。呼びかけ人代表は柳澤協二（元内閣官房副長官補）、他の呼びかけ人に伊勢﨑賢治（東京外国語大学教授）、加藤朗（桜美林大学教授）。ホームページ〈http://kenpou-jieitai.jp〉で活動内容が分かる。

南スーダン、南シナ海、北朝鮮　新安保法制発動の焦点

2016年11月21日　第1刷発行

発行者　竹村正治
発行所　株式会社　かもがわ出版
〒602-8119　京都市上京区堀川通出水西入
TEL 075-432-2868 FAX 075-432-2869
振替　01010-5-12436
ホームページ　http://www.kamogawa.co.jp
印刷所　シナノ書籍印刷株式会社

ISBN978-4-7803-0877-8　C0031